职业技能提高实战演练丛书

SIEMENS系统数控机床

装调与维修

SIEMENS XITONG SHUKONG JICHUANG ZHUANGTIAO YU WEIXIU

主　编　朱　玲　张金刚

副主编　郑建强　王纬波

编　者　张振乐　高登升　袁宗杰

　　　　王亮亮　张宏伟　徐丕兵

　　　　段彩云　周兴蕙　文洪莉

主　审　蒋作栋

中国劳动社会保障出版社

图书在版编目（CIP）数据

SIEMENS 系统数控机床装调与维修/人力资源和社会保障部教材办公室组织编写. —北京：中国劳动社会保障出版社，2017

（职业技能提高实战演练丛书）

ISBN 978 - 7 - 5167 - 2855 - 0

Ⅰ. ①S… Ⅱ. ①人… Ⅲ. ①数控机床-计算机辅助设计-应用软件-技术培训-教材 Ⅳ. ①TG659-39

中国版本图书馆 CIP 数据核字（2017）第 024645 号

中国劳动社会保障出版社出版发行

（北京市惠新东街 1 号   邮政编码：100029）

＊

北京北苑印刷有限责任公司印刷装订   新华书店经销

787 毫米×1092 毫米   16 开本   17.5 印张   401 千字

2017 年 5 月第 1 版   2017 年 5 月第 1 次印刷

定价：38.00 元

读者服务部电话：（010）64929211/64921644/84626437

营销部电话：（010）64961894

出版社网址：http://www.class.com.cn

内 容 简 介

　　本书根据中等职业院校教学计划和教学大纲，由从事多年数控理论及实训教学的资深教师编写，集理论知识和操作技能于一体，针对性、实用性较强，并加入了大量的实例，通过 DL-CK260 型数控车床机械部分、DL-CK260 型数控车床电气部分、VM320 型数控铣床机械部分、VM320 型数控铣床电气部分等模块的学习，使学生在每一个模块完成过程中学习相关知识与技能，掌握 SIE-MENS 系统数控机床装调与维修相关知识与技能。

　　本书适用于中等职业院校 SIEMENS 数控实训教学。本书采用模块式结构，突破了传统教材在内容上的局限性，突出了系统性、实践性和综合性等特点。

　　由于时间仓促，加上编者水平有限，书中可能有不妥之处，望读者批评指正。

前　言

　　为了落实切实解决目前中等职业院校中机械设计制造类专业（含数控类专业）教材不能满足院校教学改革和培养技术应用型人才需要的问题，人力资源和社会保障部教材办公室组织一批学术水平高、教学经验丰富、实践能力强的老师与行业、企业一线专家，在充分调研的基础上，共同研究、编写了机械设计制造类专业（含数控类专业）相关课程的教材，共16种。

　　在教材的编写过程中，我们贯彻了以下编写原则：

　　一是充分汲取中等职业院校在探索培养技术应用型人才方面取得的成功经验和教学成果，从职业（岗位）分析入手，构建培养计划，确定相关课程的教学目标。

　　二是以国家职业技能标准为依据，使内容分别涵盖数控车工、数控铣工、加工中心操作工、车工、工具钳工、制图员等国家职业技能标准的相关要求。

　　三是贯彻先进的教学理念，以技能训练为主线、相关知识为支撑，较好地处理了理论教学与技能训练的关系，切实落实"管用、够用、适用"的教学指导思想。

　　四是突出教材的先进性，较多地编入新技术、新设备、新材料、新工艺的内容，以期缩短学校教育与企业需要的距离，更好地满足企业用人的需要。

　　五是以实际案例为切入点，并尽量采用以图代文的编写形式，降低学习难度，提高学生的学习兴趣。

　　本书由山东栋梁科技设备有限公司朱玲、山东省职业技能鉴定指导中心张金刚任主编，滨州技师学院郑建强、王纬波任副主编。滨州技师学院张振乐、高登升，山东栋梁科技设备有限公司王亮亮，山东劳动职业技术学院袁宗杰，莱芜技师学院张宏伟，青岛技师学院徐丕兵，山东商务职业学院段彩云、周兴蒽、文洪莉参与编写。蒋作栋任主审。

　　在上述教材的编写过程中，得到山东省职业技能鉴定指导中心的大力支持，教材的诸位主编、参编、主审等做了大量的工作，在此我们表示衷心的感谢！同时，恳切希望广大读者对教材提出宝贵的意见和建议，以便修订时加以完善。

人力资源和社会保障部教材办公室

目 录

上 篇

SIEMENS808D 数控车床

数控车床是现代制造技术的核心。它综合了计算机技术、自动控制技术、自动检测技术、精密机械等高新技术，因此广泛应用于机械制造业。数控车床替代普通车床，从而使得制造业发生了根本性的变化，并带来了巨大的经济效益。以西门子（SIEMENS）808D数控系统为代表的新一代数控系统在机床行业一直处于领先地位，使中国的制造业得到了飞速发展。数控车床种类很多，有代表性的有立式车床和卧式车床两种。中国生产数控设备的厂家很多，有沈阳机床厂、南京机床厂、云南机床厂、济南机床厂等，但这些都是工业机床，太笨、太沉，基本上是一体机，学生看了无从下手，不适用于各大专院校的反复拆装、调试和创新，为此特推出适用于教学的数控机床，以栋梁教育集团推出的DL-CK260为例进行分析讲解，了解其工作原理、安装步骤、调试方法及各类维修案例，弥补学生在校只能动脑无法动手的缺陷。

模块一

DL-CK260型数控车床机械部分

任务一　初识 DL-CK260 型数控车床

学习目标

1. 了解数控车床的机械结构。
2. 掌握数控车床的工作原理。

任务导入

　　DL-CK260 型数控车床是由数控装置、床身、主轴箱、刀架进给系统、尾座、液压系统、冷却系统、润滑系统、排屑器、四工位刀塔等部分组成的。它是一种高精度、高效率的自动化机床，具有广泛的加工工艺性能，具有直线插补、圆弧插补各种补偿功能，可加工直线圆柱、斜线圆柱、圆弧和各种螺纹、槽、蜗杆等复杂工件，并在复杂零件的批量生产中发挥了良好的经济效果。

　　本节任务是教会学生了解数控车床的机械结构、工作原理，熟悉机床零部件的外形及配置标准，并掌握数控车床的维护保养工作。

相关知识

一、数控车床概述

　　数控车床分为立式数控车床和卧式数控车床两种类型。立式数控车床用于回转直径较大的盘类零件的车削加工。卧式数控车床用于轴向尺寸较大或小型盘类零件的车削加工。卧式数控车床按功能可分为经济型数控车床、普通数控车床。

　　1. 经济型数控车床

　　经济型数控车床是采用步进电动机和单片机对普通车床的车削进给系统进行改造后形成的简易型数控车床。它的成本较低，自动化程度和功能都比较差，车削加工精度也不高，适用于要求不高的回转类零件的车削加工。

2. 普通数控车床

普通数控车床是根据车削加工要求在结构上进行专门设计，配备通用数控系统而形成的数控车床。它的数控系统功能强，自动化程度和加工精度也比较高，适用于一般回转类零件的车削加工。这种数控车床可同时控制两个坐标轴，即 X 轴和 Z 轴。常见的数控车床有 CK6132A、CK6140A、CK6125 等，如图 1—1—1 所示。

图 1—1—1　常见数控车床

二、机床的主体

数控机床主要由程序介质、输入/输出设备、数控装置、伺服系统及测量装置、PLC 及机床 I/O 电路和装置、机床主体等部分组成。

机床主体主要由主传动部件、进给传动部件（工作台、托板以及相应的传动机构）、支承件（立柱、床身）以及特殊装置（卡盘、刀架、尾座、冷却系统、润滑系统和照明系统）等组成。

1. 卡盘

卡盘是机床上用来夹紧工件的机械装置。它是利用均布在卡盘体上的活动卡爪的径向移动，把工件夹紧和定位的机床附件。卡盘一般由卡盘体、活动卡爪和卡爪驱动机构三部分组成。卡盘体的最小直径为 65 mm，最大可达 1 500 mm，中央有通孔，以便通过工件或棒料；

背部有圆柱形或短锥形结构，直接或通过法兰盘与机床主轴端部相连接。

从卡盘爪数上可以分为两爪卡盘、三爪自定心卡盘、四爪单动卡盘、六爪卡盘和特殊卡盘。从使用动力上可以分为手动卡盘、气动卡盘、液压卡盘、电动卡盘和机械卡盘。从结构上可以分为中空卡盘和中实卡盘。

（1）三爪自定心卡盘。它是由一个大锥齿轮、三个小锥齿轮、三个卡爪组成的。三个小锥齿轮和大锥齿轮啮合，大锥齿轮的背面有平面螺纹结构，三个卡爪等分安装在平面螺纹上。当用扳手扳动小锥齿轮时，大锥齿轮便转动，它背面的平面螺纹就使三个卡爪同时向中心靠近或退出，如图 1—1—2 所示。

（2）四爪单动卡盘。它是用四个丝杠分别带动四爪，因此常见的四爪单动卡盘没有自动定心的作用，但可以通过调整四爪位置，装夹各种矩形的、不规则的工件，如图 1—1—3 所示。

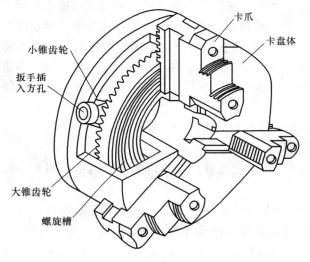

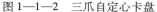

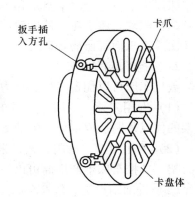

图 1—1—2　三爪自定心卡盘　　　　　图 1—1—3　四爪单动卡盘

（3）电动卡盘。它是由夹持功能单元、动力功能单元、电磁摩擦离合器组件、卡盘体外壳、电磁制动器组件等组成的。当电磁制动器组件通电时，夹持功能单元与床头箱连接为一体且不旋转，电磁摩擦离合器组件通电，动力功能单元把旋转运动传递给卡爪，使其夹紧或松开工件。加工过程中，仅夹持功能单元随主轴旋转，而动力功能单元不随主轴旋转。可有效减少随主轴旋转部分的零件数量及旋转的质量，有利于提高主轴动平衡质量。

（4）卡盘的保养方法

1）为了保证车床卡盘长时间使用后，仍然具有良好的精度，润滑工作是很重要的。不正确或不合适的润滑将导致一些问题，例如夹持力减弱，夹持精度不良，不正常磨损及卡住，所以必须正确润滑卡盘。

2）每天至少打一次二硫化钼油脂（颜色为黑色），将油脂打入卡盘油嘴内直到油脂溢出夹爪面或卡盘内孔处（内孔保护套与连接螺母处），但如果卡盘在高速旋转或大量水性切削油于加工中使用时，需要更多的润滑，须依照不同情况来决定。

3）作业终了时务必以风枪或类似的工具来清洁卡盘本体及滑道面。

4）至少每6个月拆下卡盘分解清洗，保持夹爪滑动面干净并给予润滑，使卡盘寿命增长。但如果切削铸铁，则每2个月进行至少一次或多次彻底清洁，检查各零部件有无破裂及磨损情形，严重者应立刻更换新品。检查完毕后，要充分给油。

5）针对不同工件，必须使用不同的夹持方式或选择制作特殊夹具。三爪自定心卡盘只是泛用型的一种夹具，勉强使用它去装夹不规则或畸形的工件，会造成卡盘损坏。若卡盘压力不正常，会使卡盘处于高压力下，或机床关机后卡盘还将工件夹住，这都会降低卡盘寿命。所以当发现卡盘间隙过大时，必须立即更换新卡盘。

6）使用具有防锈效果的切削油，可以预防卡盘内部生锈，因为卡盘生锈会降低夹持力，而无法将工件夹紧。

（5）机床卡盘的修复方法。卡盘由于长时间的使用，卡爪内口磨损，往往呈喇叭形，且定心不好，影响工件的装夹和加工精度。为此，采用了研磨方法，对三爪自定心卡盘卡爪的内口进行修复。这种方法简单、经济，使用效果好。研磨时，先选择直径小于卡盘体内孔的砂轮，其磨料为白刚玉，粒度为46～60号，安装在带有莫氏锥柄的磨杆上，以便于安装在车床尾座上。然后将卡盘爪移至与砂轮接触，开动车床，使卡盘以大于960 r/min的速度旋转，再驱动尾座手轮，使砂轮前后移动。往复研磨几次后，把卡爪适当收紧。这样反复研磨几次，视爪面都研磨好即可。

2. 数控车床的刀架

数控车床可以配备刀架、动力头和刀具。

（1）专用刀架。专用刀架由车床生产厂商自己开发，所使用的刀柄也是专用的。这种刀架的优点是制造成本低，但缺乏通用性。

（2）通用刀架。通用刀架是根据一定的通用标准（如VDI，德国工程师协会）而生产的刀架。数控车床生产厂商可以根据数控车床的功能要求进行选择配置。

（3）铣削动力头。数控车床刀架上安装铣削动力头后可以大大扩展数控车床的加工能力，如利用铣削动力头进行轴向钻孔和铣削轴向槽。

（4）数控车床的刀具。在数控车床或车削加工中心上车削零件时，应根据车床的刀架结构和可以安装刀具的数量，合理、科学地安排刀具在刀架上的位置，并注意避免刀具在静止和工作时，刀具与机床、刀具与工件以及刀具相互之间的干涉现象。

DL-CK260车床配备的刀架为四工位电动刀架，如图1—1—4所示。它采用蜗杆传动，上下齿盘啮合，螺杆夹紧的工作原理，具有转位快，定位精度高，切向扭矩大的优点。同时由于它采用霍尔开关发信号，因此使用寿命长。

三相异步电动机　　四工位刀架

图1—1—4　四工位电动刀架

四工位电动刀架的常见故障与排除方法见表 1—1—1。

表 1—1—1　　　　　　　　四工位电动刀架的常见故障与排除方法

序号	故障现象	可能原因	排除方法
1	电动机启动刀台不动作	(1) 电动机相位线接反 (2) 电源电压偏低	立即切断电源，调整电动机相位线，电源电压正常后再使用
2	刀台连续运转不停	(1) 发信盘板地线断路 (2) 发信盘电源线断路 (3) 霍尔元件断路及短路 (4) 磁钢磁板相反 (5) 磁钢与霍尔元件无信号	去掉上罩壳，检修发信装置及线路，调整磁钢板方向，更换霍尔元件
3	刀台在某刀位不停	(1) 某霍尔元件断路或短路 (2) 某霍尔元件与磁钢无信号	去掉上罩壳，修复某霍尔元件线路及焊板处，或更换霍尔元件
4	刀台换刀时不到位或过冲太大	磁钢位置在圆周方向对霍尔元件太前或太后	调整霍尔元件与磁钢的相对位置

3. 尾座

尾座安装在床身导轨上，可以根据工件的长短调节纵向位置。它的作用是利用套筒安装顶尖，用来支承较长工件的一端，也可以安装钻头、铰刀等刀具进行孔加工。

尾座的外形美观，与机床设计风格相称。尾座材料使用 1 级铸铁，并经过时效处理。尾座可沿床身导轨移动，同时也可以利用偏心机构将尾座固定在需要的位置上。尾座和床头箱顶尖水平面的偏移，可借横向调节螺丝调节。如图 1—1—5 所示为数控车床标准尾座结构示意图。

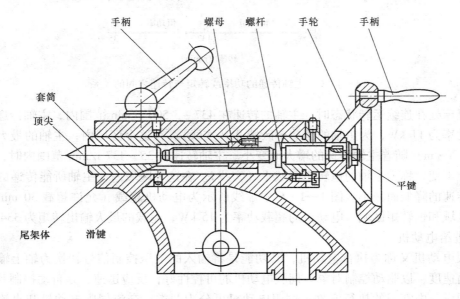

图 1—1—5　数控车床标准尾座结构

4. 主轴

机床主轴指的是机床上带动工件或刀具旋转的轴。通常由主轴、轴承、传动件（齿轮或带轮）等组成主轴部件。在机器中主轴主要用来支承传动零件如齿轮、带轮，传递运动及扭矩，如机床主轴；有的用来装夹工件，如心轴。

交流主轴电动机及交流变频驱动装置（笼型感应交流电动机配置矢量变换变频调速系统）由于没有电刷，不产生火花，因此使用寿命长，且性能已达到直流驱动系统的水平，甚至在噪声方面还有所降低，目前应用较为广泛。

主轴传递的功率或转矩与转速之间的关系如图1—1—6所示。

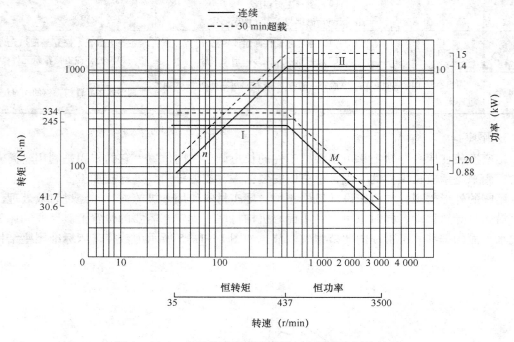

图1—1—6　主轴传递的功率或转矩与转速之间的关系

当机床处在连续运转状态时，主轴的转速在437～3 500 r/min 范围内，主轴传递电动机的全部功率为11 kW，为主轴的恒功率区域Ⅱ（实线）。在这个区域内，主轴的最大输出扭矩（245 N·m）随着主轴转速的增大而变小。主轴转速在35～437 r/min 范围内时，主轴的输出转矩不变，称为主轴的恒转矩区域Ⅰ（实线）。在这个区域内，主轴所能传递的功率随着主轴转速的降低而减小。图1—1—6中虚线所示为电动机超载（允许超载30 min）时的恒功率区域和恒转矩区域。电动机的超载功率为15 kW，超载的最大输出转矩为334 N·m。

5. 进给电动机

伺服电动机又称为执行电动机，其功能是将输入的电压控制信号转换为轴上输出的角位移和角速度，以驱动控制对象。伺服电动机的可控性好，反应迅速，是自动控制系统和计算机外围设备中常用的执行元件。伺服电动机可分为两类：交流伺服电动机和直流伺服电动机。

交流伺服电动机就是一台两相交流异步电动机。它的定子上装有空间互差 90° 的两个绕组：励磁绕组和控制绕组，其结构如图 1—1—7 所示。

车床的进给电动机是由 X 轴和 Z 轴电动机组成的。

6. 冷却系统

车床在工作时，加工的零部件自身会产生热能，需要对工件进行冷却。冷却系统由冷却泵、水箱、水管、水管开关、动力控制电源组成。

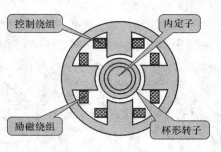

图 1—1—7 交流伺服电动机结构

7. 润滑系统

数控机床的润滑系统在机床整机中占有十分重要的位置，它不仅具有润滑作用，而且还具有冷却作用，以减小机床热变形对加工精度的影响。润滑系统的设计、调试和维修保养，对于保证机床加工精度、延长机床使用寿命等都具有十分重要的意义。

数控机床上常用的润滑方式为油脂润滑和油液润滑两种方式。油脂润滑是数控机床的主轴支承轴承、滚珠丝杠支承轴承及低速滚动线导轨最常采用的润滑方式；高速滚动直线导轨、贴塑导轨、变速齿轮等多采用油液润滑方式；丝杠螺母副有采用油脂润滑的，也有采用油液润滑的。润滑泵如图 1—1—8 所示。

8. 照明系统

机床的照明系统由灯泡、灯架、灯座组成，一般安装在床体正前方，方便操作和使用。机床常用的照明电压为 AC 24 V。

图 1—1—8 润滑泵

三、数控车床的工作原理

1. 数控车床的工作过程

普通车床是靠手工操作机床来完成各种切削加工，而数控车床是将编好的加工程序输入到数控系统中，由数控系统通过控制车床 X、Z 坐标轴的伺服电动机去控制车床运动部件的动作顺序、移动量和进给速度，再配以主轴的转速和转向，便能加工出各种不同形状的轴类和盘类回转体零件。数控车床加工零件时，根据零件图样要求及加工工艺，将所用刀具、刀具运动轨迹与速度、主轴转速与旋转方向、冷却等辅助操作以及相互间的先后顺序，以规定的数控代码形式编制成程序，并输入到数控装置中，在数控装置内部控制软件的支持下，经过处理、计算后，向机床伺服系统及辅助装置发出指令，驱动机床各运动部件及辅助装置进行有序的动作与操作，实现刀具与工件的相对运动，加工出所要求的零件，如图 1—1—9 所示。

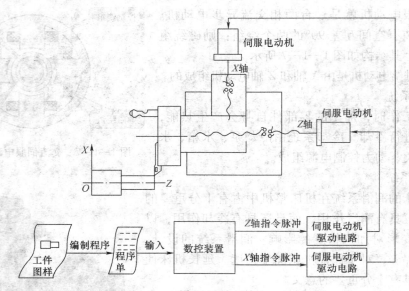

图 1—1—9　数控车床的工作过程示意图

CK260 型数控车床的机械结构与普通卧式车床的机械结构相似，其外形如图 1—1—10 所示。

图 1—1—10　CK260 型数控车床外形

2. 数控车床的结构特点

（1）由于数控车床刀架两个方向的运动分别由伺服电动机驱动，因此它的传动链短，不必使用挂链、光杆等传动部件，用伺服电动机直接与丝杆连接带动刀架运动。伺服电动机丝杆间也可以用同步传动带副或齿轮副连接。

（2）多功能数控车床是采用直流或交流主轴控制单元来驱动主轴，按控制指令作无级变速，主轴之间不必用多级齿轮副来进行变速。为扩大变速范围，现在一般还通过一级齿轮副，以实现分段无级调速，即使这样，床头箱内的结构也已比传统车床简单得多。数控车床的另一个结构特点是刚度大，这是为了与数控系统的高精度控制相匹配，以便适应高精度的加工。

（3）数控车床的第三个结构特点是轻拖动。刀架移动一般采用滚珠丝杆副。滚珠丝杆副是数控车床的关键机械部件之一，滚珠丝杆两端安装的是滚动轴承。这种专用轴承配对安装，是选配的，在轴承出厂时就是成对的。

（4）为了拖动轻便，数控车床的润滑都比较充分，大部分采用油雾自动润滑。

（5）由于数控车床的价格较高、控制系统的寿命较长，因此数控车床的滑动导轨也要求耐磨性好。数控车床一般采用的是镶钢导轨，这样精度保持比较长、使用寿命也加长。

（6）数控车床还具有加工冷却充分、防护较严密等特点。自动运转时一般都处于全封闭或半封闭状态。

（7）数控车床一般还配有自动排屑装置。

3. 数控车床的运动形式

表 1—1—2 对数控车床的运动形式及控制要求作了很好的归纳和总结。

表 1—1—2　　　　　　　　　　数控车床的运动形式及控制要求

序号	运动种类	运动形式	控制要求
1	主轴传动	主轴通过卡盘转动与进给轴相配合，切削工件	（1）主轴旋转运动采用变频调速器控制主轴电动机手动或自动正反转运行 （2）变频器与 808D 系统配合，通过模拟量 0～10 V 电压改变转速 （3）车削螺纹由主轴光电编码器通过 808D 的信号处理，从而与进给轴运动相配合，完成切削动作
2	X 轴	带动滑板实现 X 轴的纵向进给	X 轴和 Z 轴采用交流伺服电动机带动滚珠丝杠，由数控系统控制两轴联动，可实现手动或自动进给运行
3	Z 轴	带动床鞍实现 Z 轴的横向进给	
4	刀架换刀	通过刀架的回转运动选刀	由三相异步电动机带动换刀装置，由数控系统控制刀具的手动或自动选刀
5	辅助装置	对加工工件进行冷却	冷却电动机可实现手动或自动的单方向运转
		机床润滑	通过润滑泵对导轨进行自动间歇润滑
		照明	给机床照明

四、车床的维护与保养

车床的维护保养分为日常检查和定期检查。

1. 日常检查

要想延长车床的使用寿命，必须对车床进行日常的维护保养工作，车床的日常检查见表 1—1—3。

表 1—1—3 　　　　　　　　　　　　　　车床的日常检查表

序号	检查部位	检查内容	备注
1	油箱	● 油量是否适当 ● 油液有无变质、污染	不足时补给
2	导轨面	● 润滑油供给是否充足 ● 刮屑板是否损坏	
3	压力表	● 油压是否符合要求 ● 气压是否符合要求	
4	传动带	● 带张紧力是否符合要求 ● 带表面有无损伤	
5	油气管路	● 是否漏油 ● 是否漏水	
6	电机、箱体	● 有无异常声音振动 ● 有无异常发热	
7	运动部件	● 有无异常声音振动 ● 动作是否正常，运动是否平滑	
8	操作盘	● 操作开关手柄的功能是否正常 ● CRT 画面上有无报警信号	
9	安全装置	● 机能是否正常	
10	外部配线电缆	● 是否有断线及表层破裂老化	
11	清洁	● 卡盘、刀架、导轨面上的铁屑是否清扫干净	工作后进行
12	润滑卡盘	● 按要求从卡盘爪外周的润滑嘴处向内供油	每周一次
13	润滑油排油	● 在排油管处排出废油	每周一次

2. 定期检查

定期检查详见表 1—1—4。

表 1—1—4 　　　　　　　　　　　　　　定期检查表

检查部位		检查内容	检查周期
润滑系统	润滑装置及润滑管路	● 清洗滤油网，更换、清洗滤油器 ● 检查润滑管路状态	1 年 6 个月
传动系统	带、带轮	● 外观检查，张紧力检查 ● 清洁带轮槽部	6 个月
主轴电动机	声音、振动、发热 绝缘电阻	● 检查异常声音、异常振动及轴承的温升 ● 检查测定绝缘电阻值是否合适	1 个月 6 个月
X、Z 轴驱动电动机	声音、振动、发热 电缆插座	● 检查异常声音、异常振动及轴承的温升 ● 检查插座有无松动	1 个月 6 个月
其他部位电动机	声音、振动、发热	● 检查异常声音及轴承部位的温升	1 个月

续表

检查部位		检查内容	检查周期
电箱、操作盘	电气件端子螺钉	●检查电气件接点的磨损情况，接线端子螺钉有无松动，清洁内部	6 个月
安装在机械部件上的电气件	极限开关、电磁阀	●检查紧固螺钉和端子螺钉有无松动及动作的灵敏度	6 个月
X 轴、Z 轴	反向间隙	●用百分表检查间隙状况	6 个月

五、数控车床组装时常用工具

数控车床组装时常用工具见表 1—1—5。

表 1—1—5 数控车床组装时常用工具

序号	图形	名称	用途及使用方法
1		木柄羊角锤	应用杠杆原理，一头可用来拔钉子，省力；另一头用来敲钉子，属于敲击类工具
2		六角扳手	用于装拆大型六角螺钉或螺母
3		钢丝钳	夹持或折断金属薄板以及切断金属丝（导线）
4		尖嘴钳	它的头部尖而长，适合在较窄小的工作环境中夹持轻巧的工件或线材，剪切、弯曲细导线
5		平锉刀	锉削时有两个力，一个是推力，另一个是压力，其中推力由右手控制，压力由两手控制，而且，在锉削中，要保证锉刀前后两端所受的力矩相等，即随着锉刀的推进左手所加的压力由大变小，右手的压力由小变大，否则锉刀不稳易摆动
6		活扳手	用于实训装置地脚螺栓的调整和调节水平支座锁紧螺母的拆装
7		摇手	用于手动将 X/Z 轴来回移动，有些数控机床不需要
8		纯铜皮	用于机床调平

13

序号	图形	名称	用途及使用方法
9		塞尺	用于测量支承块与移动平台之间的间隙量
10		钢直尺	测量结果只能读出毫米数，即它的最小读数值为 1 mm，比 1 mm 小的数值，只能估计而得
11		直角尺	用于 Z 轴运动相对于 X 轴运动的垂直度测量
12		钢卷尺	用于安装位置的测量
13		游标卡尺	用于安装零件长度的测量
14		条式水平仪	用于底座平板安装水平度的测量
15		深度尺	用于安装零件深度的测量
16		杠杆式百分表和磁性表座	用于安装零件之间平行度和同轴度的测量
17		橡胶锤	用于直线滚动导轨、滚珠丝杠螺母副、上移动平台等的安装调整

六、车间常用各类安全标志

各类安全警告标志见表1—1—6。

表1—1—6 各类安全警告标志

序号	图形标志	名称	设置范围和地点
1		禁止合闸	维修线路时要采取必要的安全措施，在开关手把上或线路上悬挂"禁止合闸"的警告牌，防止他人中途送电。该标志为禁止标志

续表

序号	图形标志	名称	设置范围和地点
2		禁止戴手套	使用电动工具时应禁止戴手套，如使用电钻时。本标志应悬挂在使用电动工具的场所，用来提醒操作人员，防止意外发生。该标志为禁止标志
3		注意安全	本标志应悬挂在易造成人员及设备伤害的场所，用来进行警告。该标志为警告标志
4		当心触电	本标志应悬挂在有可能发生触电危险的电气设备和线路上，如配电箱、开关等。该标志为警告标志
5		必须穿戴绝缘用品	在进行特殊设备及线路维护时，为保证操作人员的人身安全，防止触电，必须穿戴绝缘用品。该标志是指令标志
6		必须加锁	在控制柜上，为了避免无关人员的操作造成人身及设备的损害，必须将控制柜锁上
7		必须戴安全帽	本标志应悬挂在头部易受外力伤害的作业场所

操作提示

本教材所涉及的工作任务，在实施过程中都应遵守以下安全文明生产规定：

1. 遵守装配钳工的安全操作规程。
2. 遵守维修电工的操作规程。
3. 遵守实训室的操作规程。
4. 学生进入实训场地时，先进行分组，3~4 人一组。
5. 装配过程中完全执行 7S 现场管理工作规定。
6. 组装完毕应断电。

任务实施

一、任务准备

实施本任务所需要的实训设备及工具材料见表1—1—7。

表 1—1—7　　　　　　　　　　　实训设备及工具材料表

序号	设备与工具	型号与说明	数量
1	数控车床	DL－CK260	1 台
2	车床资料	数控车床使用说明书、数控系统操作说明书	1 套
3	组装工具		1 套

二、熟悉车床的结构，了解各零部件的位置

1. 在指导教师的指导下，对照数控车床了解其主要结构，并正确填写表1—1—8。

表 1—1—8　　　　　　　　　　数控车床主要结构的功能

序号	结构名称	功能
1	主轴机构	
2	进给机构	
3	电动刀架	
4	润滑系统	
5	冷却系统	
6	机床本体	
7	机床照明	

2. 任务实施

（1）记录主轴电动机的主要技术参数。

（2）记录伺服轴电动机的主要技术参数。

（3）画出润滑系统图、冷却系统图。

（4）检查数控系统的型号。

（5）观察各轴运动时出现的现象。

任务测评

完成操作任务后，学生先按照表1—1—9进行自我测评，再由指导教师评价审核。

表 1—1—9　　　　　　　　　　　　评分标准

序号	项目	考核内容及要求	配分	评分标准	扣分	得分
1	任务准备	检查工具、资料是否准备齐全	10	（1）工具不齐全，每少一件扣0.5分 （2）资料不齐全，扣3分		

续表

序号	项目	考核内容及要求	配分	评分标准	扣分	得分
2	主轴	解读主轴箱、主轴变频器、编码器、主轴电动机的位置及作用	20	（1）不能正确说出主轴变频器型号及其作用扣5分 （2）不能正确说出编码器型号及其作用扣5分 （3）不能正确说出主轴电动机型号及其作用扣5分 （4）不能正确指出各部件的机床位置，扣5分		
3	进给轴	解读伺服电动机、丝杠、联轴器的安装方式	30	（1）不能正确说出伺服电动机的型号及用途扣10分 （2）不能正确说出丝杠的长度扣5分 （3）不能正确说出螺距扣5分 （4）不能正确指出各部件的机床位置扣10分		
4	电动刀架	解读电动刀架型号并说出其用途及位置	10	（1）不能正确说出电动刀架的型号及用途扣8分 （2）不能正确指出刀架的机床位置扣2分		
5	润滑系统	解读润滑系统型号并说出其用途及位置	10	（1）不能正确说出润滑泵型号及用途扣8分 （2）不能正确指出润滑系统的机床位置扣2分		
6	机床照明	解读照明灯功率、电压、安装方式	10	（1）不能正确说出照明功率和电压扣5分 （2）不能正确说出照明灯的安装方式扣5分		
7	安全文明生产	应符合机床安全文明生产的有关规定	10	违反安全文明生产有关规定不得分		
指导教师评价					总得分	

思考与练习

一、填空题（将正确答案填在横线上）

1. 机床具有广泛的加工工艺性能，可加工＿＿＿＿＿＿、＿＿＿＿＿＿、＿＿＿＿＿＿和各种＿＿＿＿＿＿、＿＿＿＿＿＿、＿＿＿＿＿＿等复杂工件，具有＿＿＿＿＿＿、＿＿＿＿＿＿各种补偿功能，并在复杂零件的批量生产中发挥了良好的经济效果。

2. 数控车床分为＿＿＿＿＿＿和＿＿＿＿＿＿两种类型。

3. 数控机床一般由_____、_____、_____、_____、_____、机床主体等组成。

4. 机床的维护保养分为_____和_____。

二、选择题（将正确答案的序号填在括号里）

1. 数控车床是将（　　）输入数控系统。
   A. 编好的加工程序　　　　　　　　　　B. 手工操作
   C. PMC 程序　　　　　　　　　　　　D. 手工操作和 PMC 程序

2. X 轴带动滑板实现（　　）进给。
   A. 手动或自动　　　B. 垂直　　　　C. 横向　　　　D. 纵向

3. 辅助装置有（　　）。
   A. 冷却泵　　　　　B. 机床润滑　　　C. 照明　　　　D. 主轴

4. 主轴传动（　　）。
   A. 通过模拟量 0～10 V 实现　　　　　B. 要装光电编码器
   C. 能进行手动或自动正反转运行　　　　D. 以上选项都对

三、判断题（将判断结果填入括号中，正确的填"√"，错误的填"×"）

1. 数控机床具有柔性，只需更换程序，就可适应不同尺寸规格零件的自动加工。（　　）
2. 数控装置是数控系统的执行部分。（　　）
3. 数控机床电气控制系统的发展与数控系统、伺服系统、PLC 等的发展密切相关。（　　）
4. 所输入的加工程序数据，经计算机处理，发出所需要的脉冲信号，驱动伺服电动机，实现机床的自动控制。（　　）
5. 数控机床是在普通机床基础上将普通电气装置更换成 CNC 控制装置的机床。（　　）
6. CK260 型数控车床的主轴驱动系统采用变频主轴。（　　）

四、简答题

1. 什么是数控车床？数控车床由哪几个部分组成？各有什么作用？
2. 简述数控机床的维护保养。
3. 数控机床的运动形式有哪些？

任务二　主轴传动装置结构及装调

学习目标

1. 了解主轴传动装置的机械组成。
2. 掌握主轴传动装置的安装方法。
3. 掌握主轴的调整方法。

任务导入

数控机床主轴驱动系统是数控机床的大功率执行机构，其功能是接受数控系统（CNC）

的 S 码速度指令及 M 码辅助功能指令，驱动主轴进行切削加工。它包括主轴驱动装置、主轴电动机、主轴位置检测装置、传动机构及主轴。通常主轴驱动被加工工件旋转的是车削加工，所对应的机床是车床类。数控车床如果没有主轴就像人缺了心脏一样，没有跳动，设备就不能正常工作，也就无法加工任何工件，无法完成用户所需零件，所以主轴是数控车床的核心部件之一。认真学习主轴的结构，分析它的安装形式以及安装步骤是很有必要的，安装完后还要看是否能与其他轴配合好，是否能协调地完成数控系统发出来的每条指令。本节的任务就是学习主轴的安装和调试。

相关知识

一、主传动配套方式及特点

全功能数控机床的主传动系统大多采用无级变速。目前，无级变速系统根据控制方式的不同主要有变频主轴系统和伺服主轴系统两种，一般采用直流或交流主轴电动机，通过带传动带动主轴旋转，或通过带传动和主轴箱内的减速齿轮（以获得更大的转矩）带动主轴旋转。另外根据主轴速度控制信号的不同可分为模拟量控制的主轴驱动装置和串行数字控制的主轴驱动装置两类。模拟量控制的主轴驱动装置采用变频器实现主轴电动机控制，有通用变频器控制通用电动机和专用变频器控制专用电动机两种形式。目前大部分的经济型机床均采用模拟量输出＋变频器＋感应（异步）电动机的形式，其性价比很高，这时也可以将模拟主轴称为变频主轴。

1. 普通笼型异步电动机配齿轮变速箱

这是最经济的一种主轴配套方式，但只能实现有级调速。由于电动机始终工作在额定转速下，经齿轮减速后，在主轴低速下输出力矩大，重切削能力强，非常适合粗加工和半精加工的要求。如果加工产品比较单一，对主轴转速没有太高的要求，那么配套在数控机床上也能起到很好的效果。它的缺点是噪声比较大，由于电动机工作在工频下，主轴转速范围不大，不适合有色金属和需要频繁变换主轴速度的加工场合。

2. 普通笼型异步电动机配简易型变频器

这种方案可以实现主轴的无级调速，主轴电动机只有工作在 500 r/min 以上时才能有比较满意的力矩输出，否则，特别是车床很容易出现堵转的情况，一般会采用两挡齿轮或传动带变速，但主轴仍然只能工作在中高速范围，另外因为受到普通电动机最高转速的限制，主轴的转速范围受到较大的限制。

这种方案适用于需要无级调速但对低速和高速都不要求的场合，例如数控钻铣床。国内生产的简易型变频器较多。

3. 普通笼型异步电动机配通用变频器

目前进口的通用变频器，除了具有 U/f 曲线调节，一般还具有无反馈矢量控制功能，会对电动机的低速特性有所改善，配合两级齿轮变速，基本上可以满足车床低速（100～200 r/min）小加工余量的加工，但同样受电动机最高速度的限制。这是目前经济型数控机床比较常用的主轴驱动系统。

4. 专用变频电动机配通用变频器

这种方案一般采用有反馈矢量控制，低速甚至零速时都可以有较大的力矩输出，有些还具有定向甚至分度进给的功能。以先马 YPNC 系列变频电动机为例，电压为三相 200 V、220 V、380 V、400 V 可选；输出功率为 1.5 ~ 18.5 kW；变频范围为 2 ~ 200 Hz；最高转速为 12 000 r/min；30 min150% 过载能力；支持 V/f 控制、V/f + PG（编码器）控制、无 PG 矢量控制、有 PG 矢量控制。提供通用变频器的厂家以国外公司为主，如西门子、安川、富士、三菱、日立等。

中档数控机床主要采用这种方案，主轴传动两挡变速甚至仅一挡即可实现转速在 100 ~ 200 r/min 时车、铣的重力切削。一些有定向功能的还可以应用于要求精镗加工的数控镗铣床。若应用在加工中心上，效果还不很理想，必须采用其他辅助机构完成定向换刀的功能，而且也不能达到刚性攻螺纹的要求。

二、主轴的安装方法

对于精度要求较高的主轴组件，为了提高主轴的回转精度，除了要保证主轴及相关零件高的加工精度及采用精密的主轴轴承以外，轴承内圈与主轴装配时还需要采用定向装配法或角度选配法，也就是人为地控制各装配件的径向跳动误差的方向，使误差相互抵消而不是累积。定向装配法可以部分地消除或减小误差，比较简单、容易操作，批量主轴装配时适宜采用这种方法。角度选配法理论上可以完全消除误差，但与定向装配法相比增加了数据处理环节，增加了装配难度和时间，高精度主轴或单件主轴装配时宜采用这种方法。实际生产中可根据不同的主轴装配及实际要求采用合适的装配方法。

1. 轴向测量法

先测量出前后轴承内圈的径向跳动量和主轴锥孔中心线与轴颈中心线的最大偏移量。

（1）轴承外圈径向跳动量测量。如图 1—2—1 所示，测量时，转动外圈并沿千分表方向向右压迫外圈，以消除间隙影响，千分表最大读数差则为外圈的径向跳动量，并在外圈端面用记号笔或电笔作出径向跳动量最低点（即外圈最薄处）的标记，此标记为外圈滚道对外圈外径（即箱体孔）的偏心方向。

（2）轴承内圈径向跳动量测量。如图 1—2—2 所示，测量时，外圈固定不转，内圈端面上加以均匀的测量载荷 P，以消除间隙影响，旋转内圈，千分表最大读数差则为内圈的径向跳动量，并在内圈端面作出径向跳动量最高点（即内圈最厚处）的标记，此标记即为内圈滚道对内孔的偏心方向。

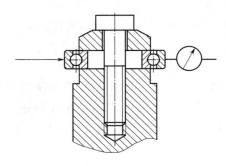

图 1—2—1 测量外圈径向跳动量

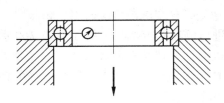

图 1—2—2 测量内圈径向跳动量

（3）主轴锥孔轴线径向跳动量测量。如图1—2—3所示，测量时将主轴轴颈置于 V 形铁上，在主轴锥孔中插入测量用心棒，转动主轴，千分表最大读数差即为锥孔轴线在其检验处的径向跳动量，并在主轴端面外圆处作出径向跳动量最高点的标记，此标记即为主轴线对主轴几何轴线的偏心方向。

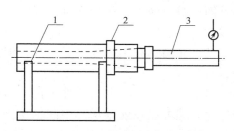

图1—2—3 测量主轴锥孔轴线径向跳动量
1—V 形铁 2—主轴 3—检验棒

（4）箱体孔同轴度误差测量。箱体孔同轴度误差的测量方法很多，有回转打表法、等高打表法、瞄靶法等，可根据具体情况和条件选择合适的测量方法。

2. 定向装配法

用上述方法测出前、后轴承内圈的径向跳动量 δ_1、δ_2 和主轴锥孔轴线径向跳动量 δ_3 后，如按不同的方向装配，则主轴在绕旋转中心转动时，其锥孔中心线在其检验处（离主轴端面的距离为 l）的径向跳动量不一样，如图1—2—4所示为滚动轴承内圈与主轴定向装配的几种装配方案示意图，按如图1—2—4a所示方案装配时，主轴的径向跳动量 δ 最小。具体方法是以主轴上锥孔径向跳动量最高点为安装基准，前、后轴承内圈径向跳动量最高点与锥孔最高点装在主轴同侧且位于同一轴向截面内。

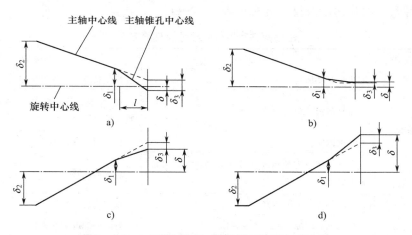

图1—2—4 轴承内圈与主轴定向装配方案比较

3. 轴承外圈与箱体孔的定向装配

轴承外圈与箱体孔的定向装配方法比较简单，具体如图1—2—5所示。

已知箱体前轴承孔 O_1 与后轴承孔 O_2 的同轴度误差为 $\Delta_3 = \delta_3/2$，δ_3 为两孔的径向跳动误差，误差方向为 O_1 偏下，O_2 偏上。为使误差抵消，安装前轴承外圈1时，应使外圈滚道中心（即旋转中心）上移，靠近 O_2，则前轴承外圈1的最低点标记应装在孔 O_1 的最上方；安装后轴承外圈2时，应使外圈滚道中心下移，靠近 O_1，则后轴承外圈2的最低点标记应装在孔 O_2 的最下方。

装配后，前后轴承旋转轴线的同轴度误差 $\Delta = \Delta_3 - (\Delta_1 + \Delta_2)$，$\Delta_1$、$\Delta_2$ 分别为前、后轴

承外圈滚道对外圈外径的同轴度误差。为使外圈 1、2 的误差相互抵消，可将外圈 1、2 的最小径向跳动点在箱体孔内装成一条直线，但同轴度误差 Δ 要大。

对于三个支承的主轴部件来说，内圈与主轴的定向装配可以在前轴承与中间轴承中进行，外圈与箱体孔的定向装配可以在三个轴承中进行。按定向装配法装配后的轴承，应严格保持内圈与主轴、外圈与箱体孔不发生相对转动，否则将丧失已获得的装配精度。

4. 角度选配法

角度选配法就是人为地使前后主轴轴承的偏心方向和主轴锥孔的偏心方向在空间互成一定的角度。

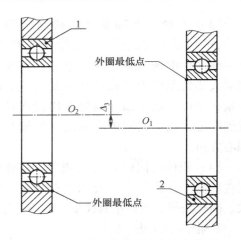

图 1—2—5　轴承外圈与箱孔的定向装配
1—前轴承外圈　2—后轴承外圈

三、主轴的调整与检查

1. 主轴部件故障诊断

主轴部件常见故障诊断及排除方法见表 1—2—1。

表 1—2—1　　　　　　　　　　主轴部件常见故障诊断及排除方法

序号	故障现象	故障原因	排除方法
1	切削振动大	主轴箱和床身连接螺钉松动	恢复精度后紧固连接螺钉
		主轴与箱体精度超差	修理主轴或箱体，使其配合精度、位置精度达到要求
		其他因素	检查刀具或切削工艺
		可能是转塔刀架运动部位松动或压力不够而未卡紧	调整修理转塔刀架
2	主轴箱噪声大	主轴部件动平衡不好	重新进行动平衡
		齿轮啮合间隙不均或严重损伤	调整间隙或更换齿轮
		传动带过紧或过松	调整或更换传动带，不能新旧混用
		齿轮精度差	更换齿轮
		润滑不良	调整润滑油量，保持主轴箱的清洁度
3	主轴无变速	压力是否足够	监测并调整工作压力
		变挡液压缸研损或卡死	修去毛刺和研伤，清洗后重装
		变挡电磁阀卡死	检修并清洗电磁阀
		变挡液压缸拨叉脱落	修复或更换拨叉
		变挡液压缸窜油或内泄	更换密封圈
		变挡复合开关失灵	更换新开关

序号	故障现象	故障原因	排除方法
4	主轴不转动	保护开关没有压合或失灵	检修压合保护开关或更换
		主轴与电动机传动带过松	调整或更换传动带
		液压卡盘未夹紧工件	调整或修理卡盘
		变挡复合开关损坏	更换复合开关
		变挡电磁阀体内泄漏	更换电磁阀
5	主轴发热	润滑油脏或有杂质	清洗主轴箱，更换新润滑油
		冷却润滑油不足	补充冷却润滑油，调整供油量

2. 主传动带的调整及检查

（1）主传动带张力的调整。张力的第一次调整，一般应在机床使用 3 个月后进行，以后每 6 个月调整一次。

（2）主传动带的检查。一般情况下，主传动带的使用寿命大约为 10 000 h（按每日工作 10 h 计算约 3 年），但当在此间内发生下述情况时也必须更换主传动带：

1）主传动带表层橡胶发生剥离现象时。

2）主传动带出现大幅度摆动时。

3）主传动带腹部出现裂纹时。

3. 主轴上滚动轴承的装配方法及注意事项

（1）滚动轴承的装配方法。滚动轴承的装配方法应根据轴承的结构、尺寸大小和轴承部件的配合性质来确定，装配时的压力应直接加在待配合的套圈端面上，而不应该通过滚动体传递压力。

1）当轴承内圈与轴为紧配合，外圈与壳体孔为较松配合时，应先将轴承装在轴上。压装时，轴承端面垫上铜或软钢的装配套筒，然后把轴承一起装入壳体。

2）当轴承外圈与壳体孔为紧配合，内圈与轴为较松配合时，应先将轴承压入壳体中。此时，套筒的外径应略小于壳体孔的直径。

3）当轴承内圈与轴、外圈与壳体都为紧配合时，装配套筒的端面应制作成能同时压紧轴承内、外圈端面的圆环，使压力同时传到内、外圈上，把轴承压到轴和壳体中。

4）对于圆锥滚子轴承，由于外圈可以自由脱开，装配时把内圈和滚动体一起装到轴上，把外圈装在壳体中，然后再调整游隙。压入轴承时的方法和使用工具，可根据配合过盈量大小来确定：当配合过盈量较小时，可用锤子对称地敲击铜棒，将轴承均匀压入；当配合过盈量较大时，可用压力机压入轴承，压入时应放上套筒；当配合过盈量很大时，可用温差法装配，将轴承放在油浴中加热到 80～100℃，然后进行装配。

（2）滚动轴承的装配注意事项

1）滚动轴承的装配过程中，应保持环境清洁，以避免污染轴承。

2）在同轴的两个轴承中，必须有一个轴承的外圈（或内圈）可以在热胀时产生轴向移动，以避免轴和轴承产生附加应力，严重时会使轴承咬住。

3）滚动轴承上标有代号的端面应装在可见的部位，以便于以后的检修。

4）轴颈或壳体孔台肩处的圆弧半径必须小于轴承的圆弧半径。

5）装配后，轴承在轴上和壳体孔中不能有歪斜和卡住现象，运转应灵活，无噪声，工作温度不得超过 50℃。

四、主轴安装及测量的常见工具

1. 安装主轴的常见工具

工具 1　球头内六角扳手

球头内六角扳手在本任务中用于紧固主轴各部件螺钉。

工具 2　活扳手

用于安装主轴的大螺母时，起紧固和夹紧作用。

工具 3　橡胶锤具

用于主轴法兰盘与主轴机架的安装。

2. 测量用工具

工具 1　钢卷尺

用于各安装零件长度的测量。

工具 2　游标卡尺

用于主轴各安装孔之间安装位置的测量。

工具 3　杠杆式百分表和磁性表座

用于安装完成后，对主轴精度进行检测。

操作提示

1. 主轴在安装过程中要注意安全，避免伤人伤己。

2. 严格按照安装步骤执行。

知识拓展

【故障实例 1】

故障现象：开机后主轴不转动。

故障分析：检查电动机情况良好，传动键没有损坏；调整 V 带松紧程度，主轴仍无法转动；检查测量电磁制动器的接线和线圈均正常，拆下制动器发现弹簧和摩擦盘也完好；拆下传动轴发现轴承因缺乏润滑而烧毁，将其拆下，手动转动主轴正常。

故障处理：换上新轴承后，主轴转动正常，但因主轴制动时间较长，还需要调整摩擦盘和衔铁之间的间隙。具体做法是先松开螺母，均匀地调整 4 颗螺钉，使衔铁向上移动，将衔铁和摩擦盘的间隙调整到 1 mm，然后用螺母将其锁紧之后试车，主轴制动迅速，故障排除。

【故障实例 2】

故障现象：孔加工时表面粗糙度值太大，无法使用。

故障分析：此故障的主要原因是主轴轴承的精度降低或间隙增大。

故障处理：调整轴承的预紧力，经过多次调整调试，主轴恢复了精度，加工孔的表面粗糙度也达到了要求。

【故障实例 3】

故障现象：零件加工尺寸不稳定或不准确。

故障分析：滚珠丝杠轴承或钢球有损坏；电动机与丝杠连接同步齿形带磨损后，使传动链松动；反向间隙变化或设置不适当；滚珠丝杠的预紧力不适当。

故障处理：齿形带传动状况稳定，于是重新测量反向间隙，经测量反向间隙与设置补偿量的差距过大，重新进行设置补偿，故障排除。

【故障实例4】

故障现象：带有变速齿轮的机床在工作过程中，主轴箱内机械变挡滑移齿轮自动脱离啮合，主轴停转。

故障分析：该机床采用液压缸推动滑移齿轮进行变速，液压缸同时也锁住滑移齿轮。变速滑移齿轮自动脱离啮合，原因主要是液压缸内的压力变化。控制液压缸的三位四通换向阀在中间位置时不能闭死，液压缸前后两腔油路相渗漏，这样势必造成液压缸上腔推力大于下腔，使活塞杆渐渐向下移动，逐渐使滑移齿轮脱离啮合，造成主轴停转。

故障处理：更换新的三位四通换向阀后即可解决问题；或改变控制方式，采用二位四通，使液压缸一腔始终保持压力油。

任务实施

一、任务准备

1. 本任务必须在指导教师的指导下进行操作，实施本任务所需的零部件及安装工具见表1—2—2。

表1—2—2　　　　　　　　　主轴机械装配零部件及安装工具明细表

序号	部件名称	型号	数量
1	开槽圆螺母	GB/T 810—1988 M33×1.5	2
2	轴承挡圈		1
3	内六角圆柱头螺钉	GB/T 70.1—2008 M5×14	4
4	主轴箱端盖		1
5	3联角接触滚珠轴承	GB/T 292—2007 7007C/TBT	1副（背靠背）
6	主轴箱套筒		1
7	内六角圆柱头螺钉	GB/T 70.1—2008 M6×14	6
8	挡尘盘		1
9	六角螺母	GB/T 6170—2015 M8	3
10	弹簧垫圈	GB/T 93—1987 M8	3
11	平垫圈	GB/T 97.1—2002 8	3
12	开槽长圆柱紧定螺钉	GB/T 75—1985 M8×35	3
13	主轴		1
14	三爪自定心卡盘		1
15	普通平键	GB/T 1096—2003　6×6×65	1
16	定位小轴		1
17	主轴箱		1
18	内螺纹圆锥销	GB/T 118—2000 8×28	2
19	平垫圈	GB/T 97.1—2002 10	4
20	内六角圆柱头螺钉	GB/T 70.1—2008 M10×30	4

续表

序号	部件名称	型号	数量
21	深沟滚珠轴承	GB/T 276—2013 6006	2
22	后垫圈		1
23	后轴承垫圈 I		1
24	主轴同步带轮 II		1
25	后轴承厚垫圈		1
26	主轴同步带轮		1
27	螺母		1
28	开槽圆螺母	GB/T 810—1988 M27 × 1.5	1
29	主轴箱盖板		1
30	十字槽沉头螺钉	GB/T 819—2016 M4 × 12	4
31	装配工具		1 套
32	产品资料		1

2. 装配图的准备

主轴机械结构如图 1—2—6 所示。

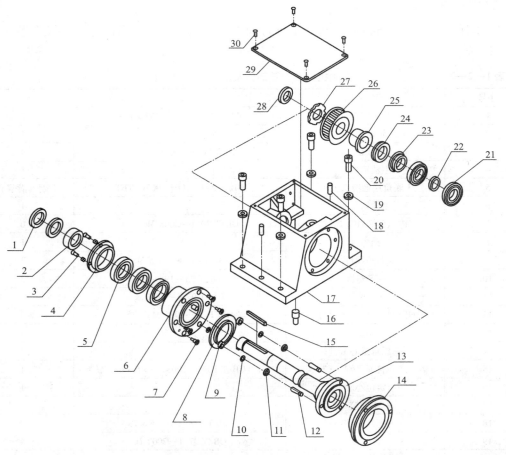

图 1—2—6 主轴机械结构图

二、熟悉车床主轴的结构，了解各零部件的位置

1. 在指导教师的指导下，对照数控车床主轴装配图了解其主要结构，并对主轴零部件进行组装调整，并正确填写表1—2—3。

表1—2—3　　　　　　　　　数控车床主轴零部件安装调试

序号	零部件名称	安装调试过程
1		
2		
3		
4		
5		
6		
7		
8		
9		
10		
11		
12		
13		
14		
15		

2. 任务实施

（1）主轴箱体的安装。

（2）主轴电动机的安装。

（3）主传动带的安装。

（4）主轴编码器的安装。

（5）主轴轴承间隙的消除。主轴轴承间隙通过调整双圆螺母来实现。

3. 任务记录及异常情况

主轴安装几何精度检测表见表1—2—4。

表1—2—4　　　　　　　　　主轴安装几何精度检测表

序号	检测内容	允许误差（mm）	实测结果（mm）
1	主轴法兰盘与主轴电动机的水平度检测		
2	轴承外圈与箱孔定向的测量		
3	箱体孔同轴度的测量		

任务测评

完成操作任务后，学生先按照表1—2—5进行自我测评，再由指导教师评价审核。

表 1—2—5   评分标准

序号	项目	考核内容及要求	配分	评分标准	扣分	得分
1	材料准备	所有的装配材料是否齐全	10	每漏一项扣 2 分		
2	主轴箱及主轴的安装	解读主轴各零部件安装方法及工艺流程	50	（1）主轴箱的安装方法是否正确，不正确扣 20 分 （2）主轴电动机的安装是否正确，不正确扣 10 分 （3）各零部件是否齐全，不全扣 10 分 （4）是否完全按照工艺流程装配，不符合安装要求扣 10 分		
3	装配图	解读装配图的各要素	20	没有看懂装配图扣 20 分		
4	主传动带的安装	解读主传动带的正确安装方法	10	主传动带安装方法不正确扣 10 分		
5	安全文明生产	应符合机床安全文明生产的有关规定	10	违反安全文明生产有关规定不得分		
指导教师评价					总得分	

思考与练习

一、填空题（将正确答案填在横线上）

1. 主轴的安装方法有_____和_____的方法。轴向测量法有_____、_____、_____和_____。

2. 箱体孔同轴度误差测量的方法很多，有_____、_____、_____等，可根据具体情况和条件选择合适的测量方法。

3. 图中 1、2、3 分别表示_____、_____和_____。

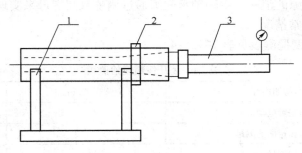

二、选择题（将正确答案的序号填在括号里）

1. 测量径向跳动常用的仪器是（　　）。

A. 游标卡尺　　　　　　B. 磁性表座　　　　　　C. 直尺　　　　　　D. 千分尺

2. （　　）不是轴向测量方法。

　　A. 轴承外圈径向跳动量测量　　　　　　B. 主轴锥孔轴线径向跳动量测量

　　C. 箱体孔同轴度误差测量　　　　　　　D. 角度法

3. 主传动带的使用寿命大约为（　　　　）h。

　　A. 10 000　　　　　　B. 20 000　　　　　　C. 30 000　　　　　　D. 5 000

4. （　　）不用更换主传动带。

　　A. 主传动带表层橡胶发生剥离现象时　　　B. 主传动带出现大幅度摆动时

　　C. 主传动带腹部出现裂纹时　　　　　　　D. 主传动带上出现油污时

三、判断题（将判断结果填入括号中，正确的填"√"，错误的填"×"）

1. 主轴在数控车床上可有可无。　　　　　　　　　　　　　　　　　　　（　　　）

2. 角度选配法不是数控车床主轴的安装方法。　　　　　　　　　　　　　（　　　）

3. 主轴电动机必须用伺服电动机或电主轴。　　　　　　　　　　　　　　（　　　）

4. 主轴电动机可以通过变频器的模拟电压控制。　　　　　　　　　　　　（　　　）

5. 主轴电动机可以带主轴编码器，有些也可以不带主轴编码器。　　　　　（　　　）

四、简答题

1. 简述主轴的机械结构。

2. 简述主轴的安装方法。

任务三　进给传动装置结构及装调

学习目标

1. 了解进给传动装置的工作原理。

2. 掌握进给传动装置的结构。

3. 掌握进给传动装置的安装步骤。

4. 掌握进给传动装置的测量方法。

任务导入

　　进给传动装置是数控车床在切削工件时，通过齿轮和丝杠螺母副带动工作台移动，从而实现驱动数控机床各运动部件的进给运动。进给传动装置分为 X 向传动装置和 Z 向传动装置。刚开始接触数控机床，必须要分析进给传动装置结构形式，了解其运动状态，掌握其安装步骤以及测量方法，这样对帮助学生迅速掌握进给传动装置起到事半功倍的效果。

相关知识

一、进给传动装置的机械结构

　　进给传动装置机械部分是指将驱动源的旋转运动变为工作台直线运动的整个机械传动链，包括减速装置、转动变移动的进给轴、导向元件等。具体来说，进给传动系统机械部分由传动机构、运动变换机构（进给轴）、导向机构和执行件（工作台）构成。其中，传动机构可以是齿轮传动、同步带传动，运动变换机构由滚珠丝杠、角接触滚珠轴承、滑块固定板、滑座左右压板、丝杠轴承上盖、电动机固定板、联轴器、深沟滚珠轴承、电动机罩壳、电动机盖板等组成，导向机构由导轨（如滑动导轨、滚动导轨和静压导轨等）构成。

二、进给传动装置主要机械部件的安装调整

1. 导轨

导轨是进给传动系统的重要环节，是机床的基本结构要素之一。导轨的作用是导向和支承，即支承运动部件并保证其能在外力的作用下准确地沿着规定的方向运动。

常用导轨的形式，按运动轨迹可分为直线运动导轨（一般数控车床采用直线运动导轨）和圆周运动导轨；按接触面的摩擦性分为滚动导轨和滑动导轨，滑动导轨又分为塑性滑动导轨、静压滑动导轨和动压滑动导轨。

为了保证数控车床具有较高的加工精度和较大的承载能力，要求导轨具有较高的导向精度、足够的刚度、良好的耐磨性、良好的低速运动平稳性，同时应尽量使导轨结构简单，便于制造、调整和维护。

滑动导轨在长期使用后，其配合间隙会因磨损而增大，引起振动和运动精度降低，必须调整间隙。一般的调整方法如下：

（1）磨、刮压板的配合调整间隙。如图 1—3—1 所示，调整间隙时，将压板 2 取下，磨或刮配合面 1，直到配合间隙符合要求为止。这种方法需要多次拆装，多用于不经常调整的导轨。

（2）用垫片调整间隙。如图 1—3—2 所示，通过改变垫片 1 的层数或厚度来调整间隙。这种方法降低了配合面的接触刚度，应用较少。

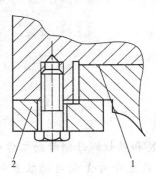

图 1—3—1 磨、刮压板的配合调整间隙
1—配合面 2—压板

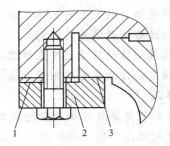

图 1—3—2 用垫片调整间隙
1—垫片 2—压板 3—导轨配合面

（3）用平镶条调整间隙。如图 1—3—3 所示，调整燕尾导轨间隙时，拧松锁紧螺母 3 与紧固螺钉 4，转动调整螺钉 2 将平镶条 1 推向导轨面，即可调整间隙。这种方法简单，调整方便，但平镶条仅有几点受力，容易变形，刚度差，只适用于受力较小的导轨。

（4）用楔形镶条调整间隙。如图 1—3—4 所示，镶条的斜度一般为 1:100 ~ 1:40，放在

导轨副中接触面较短的一个机件上，以减少楔形镶条长度。调整时转动螺钉即可。

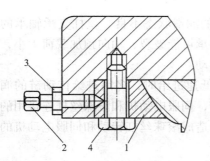

图 1—3—3　用平镶条调整间隙

1—平镶条　2—调整螺钉

3—锁紧螺母　4—紧固螺钉

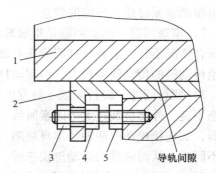

图 1—3—4　用楔形镶条调整间隙

1—导轨　2—楔形镶条　3、4—调整

螺母　5—定位螺母

2. 滚珠丝杠副

（1）滚珠丝杠副的作用。滚珠丝杠副作为数控机床的进给传动链，其装配形式和精度决定了数控机床的定位精度，也影响着进给轴插补运行的平稳性。滚珠丝杠的外形如图 1—3—5 所示。

（2）滚珠丝杠轴承的排列。首先应了解典型的进给轴传动链，最终支承滚珠丝杠的是近端支承轴承和远端支承轴承，这两组轴承通过相互的作用，将轴向力顶住，也就是丝杠轴承巧妙地运用了"角接触轴承"既可以承受径向力，又可以承受轴向力的双向受力特点。

图 1—3—5　滚珠丝杠的外形

当轴承内挡圈和外挡圈受到一组相反方向的作用力时，轴承钢珠承受着一对互为相反的作用力，从静力学的角度上看，当物体静止时，这一对作用力大小相等，方向相反。

作为机床丝杠传动，来自工作台的轴向力作用在轴承的内圈上，如果要约束丝杠不窜动，只要在轴承外圈上作用一个方向相反、大小相等的力即可，这样轴向受力是平衡的。又由于内、外圈之间是滚动摩擦，因此保证了丝杠灵活的转动。

对于数控机床丝杠传动，需要根据不同的情况控制轴承的游隙（钢珠与内外环之间的间隙）。对于低速大转矩的传动，需要这一游隙是过盈的，即要使钢珠在滚道内受挤压变形，从配合角度讲，间隙是负值。而对于高速小一点的负载，则需要游隙大一点，预留出高速运行后钢珠和内圈的热膨胀系数。

丝杠的约束是通过近端轴承及远端轴承的轴向和径向约束来完成的，不同安装形式下的丝杠受力情况以及滚珠丝杠轴承安装形式，对于今后的日常维护，特别是传动链的精度调整有所帮助。

（3）滚珠丝杠副常见故障对数控机床进给运动的影响

1）过载问题。滚珠丝杠副进给传动的润滑状态不良、轴向预加载荷太大、丝杠与导轨不平行、螺母轴线与导轨不平行、丝杠弯曲变形时，都会引起过载报警。一般会在 CRT 上显示伺服电动机过载、过热或过流的报警，或在电柜的进给驱动单元上，用指示灯或数码管提示驱动单元过载、过流的信息。

2）窜动问题。窜动问题是指滚珠丝杠副进给传动的润滑状态不良、丝杠支承轴承的压盖压合情况不好、滚珠丝杠副滚珠有破损、丝杠支承轴承可能破裂、轴向预加载荷太小，使进给传动链的传动间隙过大，引起丝杠传动时的轴向窜动。

3）爬行问题。爬行问题一般发生在启动加速段或低速进给时，多因进给传动链的润滑状态不良、外加负载过大等因素所致。尤其要注意的是，伺服电动机和滚珠丝杠连接用的联轴器，如连接松动或联轴器本身缺陷，如裂纹等，都会造成滚珠丝杠转动和伺服电动机的转动不同步，从而使进给运动忽快忽慢，产生爬行现象。

（4）滚珠丝杠副常见故障的分析与维修思路。滚珠丝杠副常见故障会引起数控机床产生进给运动误差，进给运动误差表现在滚珠丝杠副的工作状况上，反映为噪声过大、运动不灵活。下面就这两种故障现象进行简要分析。

1）故障现象 1——滚珠丝杠副噪声过大（见表 1—3—1）。

表 1—3—1   滚珠丝杠副噪声过大现象分析

故障原因	引起误差	排除方法
丝杠支承轴承的压盖压合情况不好	窜动	调整轴承压盖，使其压紧轴承端面
丝杠支承轴承可能破裂	窜动	如轴承破损，更换新轴承
电动机与丝杠联轴器松动	爬行	拧紧联轴器锁紧螺钉
丝杠润滑不良	过载、窜动、爬行	改善润滑条件，使润滑油量充足
滚珠丝杠副滚珠有破损	窜动	更换新滚珠

2）故障现象 2——滚珠丝杠运动不灵活（见表 1—3—2）。

表 1—3—2   滚珠丝杠运动不灵活现象分析

故障原因	引起误差	排除方法
轴向预加载荷太大	过载	调整轴向间隙和预加载荷
丝杠与导轨不平行	过载	调整丝杠支座位置，使丝杠与导轨平行
螺母轴线与导轨不平行	过载	调整螺母座位置，使丝杠与导轨平行
丝杠弯曲变形	过载	调整丝杠

（5）滚珠丝杠副的安装。滚珠丝杠副的安装方式主要有以下四种，由于安装方式不同，容许轴向载荷及容许回转转速也有所不同。

1）固定—固定。适用于高转速，高精度，如图 1—3—6 所示。

2）固定—支承。适用于中等转速，高精度，如图 1—3—7 所示。

3）支承—支承。适用于中等转速，中精度，如图 1—3—8 所示。

4）固定—自由。适用于低转速，中精度，短轴丝杠，如图 1—3—9 所示。

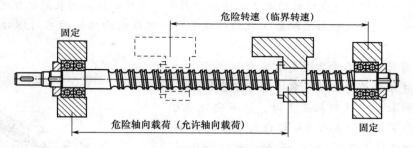

图1—3—6 滚珠丝杠副安装方式1

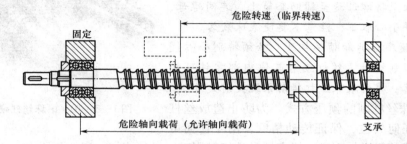

图1—3—7 滚珠丝杠副安装方式2

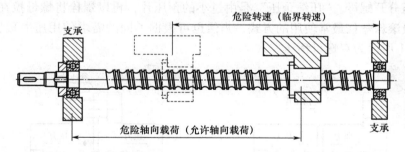

图1—3—8 滚珠丝杠副安装方式3

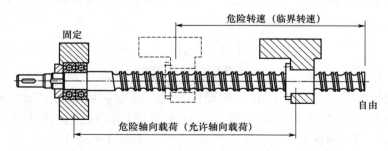

图1—3—9 滚珠丝杠副安装方式4

操作提示

滚珠丝杠副仅用于承受轴向负荷。径向力、弯矩会使滚珠丝杠副产生附加表面接触应力等不良负荷，从而可能造成丝杠的永久性损坏。因此，滚珠丝杠副安装到机床时，应注意：

1. 丝杠的轴线必须和与之配套导轨的轴线平行，机床的两端轴承座与螺母座必须三点成一线。

2. 安装螺母时，尽量靠近支承轴承。

3. 安装支承轴承时，尽量靠近螺母安装部位。

4. 滚珠丝杠副安装到机床上时，请不要把螺母从丝杠上拆卸下来。但在必须把螺母卸下来的场合，要使用比丝杠底径小 0.2 ~ 0.3 mm 的安装辅助套筒，如图 1—3—10 所示。将安装辅助套筒推至螺纹起始端面，从丝杠上将螺母旋至辅助套筒上，连同螺母、辅助套筒一并小心取下，注意不要使滚珠散落。

5. 安装顺序与拆卸顺序相反。必须特别小心谨慎地安装，否则螺母、丝杠或者其他内部零件可能会受损或掉落，导致滚珠丝杠传动系统提前失效。

（6）滚珠丝杠副的预压方式。为防止造成丝杠　　图 1—3—10　滚珠丝杠副与螺母
传动系统的任何失位，保证传动精度，消除任何可能的轴向间隙并能增加刚度，提高螺母的接触刚度，必须施加一定的预压力。

1）双螺母预压方式。此预压由两螺母间的预压片产生，"拉伸预压"是由过大的预压片有效地挤压分开螺母。"压缩预压"是由过小的预压片，再以螺栓将螺母拉在一起。拉伸预压是精密级滚珠丝杠最常使用的方式，当然也可根据不同的需求使用压缩预压滚珠丝杠。如图 1—3—11 所示为双螺母预压方式。

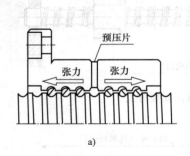
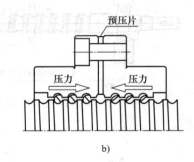

a)　　　　　　　　　　　　　　　b)

图 1—3—11　双螺母预压方式

a）拉伸预压　b）压缩预压

2）单螺母预压方式。单螺母有两种预压方式。其中一种称为"增大钢珠直径预压方式"。此种方式内的钢珠比珠槽空间大（过大钢珠）而使钢珠产生 4 点接触，如图 1—3—12a 所示。另一种称为"变位导程预压方式"，如图 1—3—12b 所示，在螺母节距上有 δ 值的偏移。这种方式用来取代传统双螺母预压方式，并在较短螺母长度及较小预压力下拥有较高刚度。然而此方式不适用于太大的预压力，最好将预压力设计在 5% 动负荷以下。

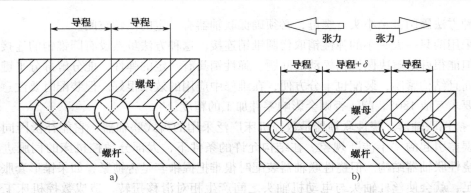

图 1—3—12　单螺母预压方式

a) 增大钢珠直径预压方式　b) 变位导程预压方式

3. 联轴器

联轴器是用来连接不同机构中的两根轴（主动轴和从动轴）使之共同旋转以传递扭矩的机械零件。在高速重载的动力传动中，有些联轴器还有缓冲、减振和提高轴系动态性能的作用。联轴器由两半部分组成，分别与主动轴和从动轴连接。一般动力机大都借助于联轴器与工作机相连接。

目前联轴器的种类繁多，有液压式、电磁式和机械式。而机械式联轴器是应用最广泛的一种，它借助与机械构件相互的机械作用力来传递扭矩。一般的数控车床使用的就是机械式联轴器。

（1）联轴器安装维护。联轴器的安装误差应严格控制，通常要求安装误差不得大于许用补偿量的 1/2。注意检查所连接两轴运转后的对中情况，其相对位移不应大于许用补偿量。尽可能地减少相对位移量，可有效地延长被连接机械或联轴器的使用寿命。对有润滑要求的联轴器，如齿式联轴器等，要定期检查润滑油的油量、质量以及密封状况，必要时应予以补充或更换。对于高速旋转机械上的联轴器，一般要经动平衡试验，并按标记组装。对联轴器连接螺栓之间的质量差有严格的限制，不得任意更换。及时清理联轴器上的灰尘切屑等，定期检查联轴器、锥套上的螺钉有无松动现象，及时做好联轴器的防护。

（2）联轴器松动的调整。由于数控机床进给速度较快，如快进、快退的速度有时高达 20 m/min 以上，并且在整个加工过程中正反转换频繁，因此联轴器承受的瞬间冲击较大，容易引起联轴器松动和扭转，而随使用时间的增长，其松动和扭转的情况加剧。在实际加工时，主要表现为各方向运动正常、编码器反馈也正常、系统无报警，而运动值却始终无法与指令值相符，加工误差值越来越大，甚至造成加工零件报废。出现这种情况时，建议检查一下联轴器。

1）刚性联轴器。刚性联轴器目前主要采用联轴套加锥销的连接方法，而且大多数进给电动机轴上都备有平键。这种连接，经过一段时间的使用后，圆锥销开始松动，键槽侧面间隙逐渐增大，有时甚至引起锥销脱落，造成零件加工尺寸不稳定。解决的方法有两种：

①采用特制的小头带螺纹的圆锥销，用螺母加弹性垫圈锁紧，防止圆锥销因快速转换而引起松动。该方法能很好地解决圆锥销松动的问题，同时也减轻了平键所承受的扭矩。当

然，这种方法因圆锥销小头有螺母，必须确保联轴器有一定的回转空间。

②采用两只一大一小的弹性销取代圆锥销连接。这种方法虽然没有圆锥销的连接方法精度高，但能很好地解决圆锥销松动的问题。弹性销具有一定的弹性，能分解部分平键承受的扭矩，而且结构紧凑，装配也十分方便，在维修中应用的效果很好。但装配时要注意，大小弹性销要求互成180°装配，否则会影响零件加工的精度。

2）挠性联轴器。挠性联轴器是数控机床广泛采用的齿式联轴器，它能补偿因同轴度及垂直度误差引起的"干涉"现象。在结构允许的条件下，大部分数控机床的伺服进给系统都采用挠性联轴器结构。但挠性联轴器装配时很难把握锥套是否锁紧，如果锥形套胀开后摩擦力不足，就会使丝杠轴头与电动机轴头之间产生相对滑移扭转，造成数控机床工作运行中，被加工零件的尺寸呈现有规律的逐渐变化（由小变大或由大变小），每次的变化值基本上是恒定的。如果调整机床快速进给速度后，这个变化量也会起变化，此时 CNC 系统并不报警，因为电动机转动是正常的，编码器的反馈也是正常的。一旦机床出现这种情况，单纯靠拧紧两端螺钉的方法就不一定奏效。解决方法是设法锁紧联轴器的弹性锥形套，若锥形套过松，可将锥形套轴向切开一条缝，拧紧两端的螺钉后，就能彻底消除故障。

三、进给轴的调试

1. Z 向滚珠丝杠支承轴承间隙

Z 向滚珠丝杠支承轴承间隙，通过调整双圆螺母 2 来实现，如图 1—3—13 所示。

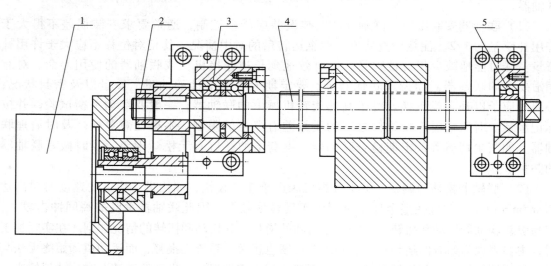

图 1—3—13　Z 轴安装示意图

1—步进或伺服电动机　2—圆螺母　3—轴承　4—滚珠丝杠螺母副　5—轴承

2. X 向滚珠丝杠支承轴承间隙

X 向滚珠丝杠支承轴承间隙，通过调整双圆螺母 8 来实现，如图 1—3—14 所示。

3. 进给轴调试时常用的工具

（1）工具 1：游标卡尺。游标卡尺在本任务中用于粗略测量两根导轨副的平行度。

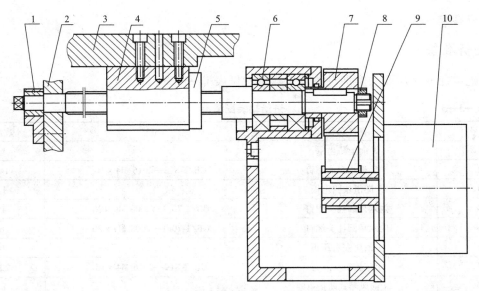

图 1—3—14 *X* 轴安装示意图

1—轴衬 2—床鞍 3—中滑板 4—丝母座 5—滚珠丝杠副
6—轴承 7、9—带轮 8—圆螺母 M14×1.5 10—伺服电动机

游标卡尺使用注意事项：

1）使用前用软布将量爪擦干净，使其并拢，查看游标和主尺身的零刻度线是否对齐。

2）测量时，应先拧松紧固螺钉，移动游标时不能用力过猛。两量爪与待测物的接触不宜过紧。不能使被夹紧的物体在量爪内挪动。

3）读数时，视线应与尺面垂直。如需固定读数，可用紧固螺钉将游标固定在尺身上，防止滑动。

4）实际测量时，对同一长度应多测几次，取其平均值来消除偶然误差。

（2）工具2：深度游标卡尺。粗略测量主导轨副与底座平板侧面的平行度。

深度游标卡尺使用注意事项：

1）使用前先将深度尺的尺身、尺框测量面上的油污、灰尘擦去，检查深度尺的零位是否正确。

2）测量时，应使尺框测量面与工件测量基准面良好接触，用手轻轻按住，另一只手缓缓推动深度尺，使之与测量面接触，再读取示值。

（3）工具3：杠杆百分表和磁性表座。用于检测单根主直线滚动导轨副与底座平板侧面的平行度以及两根导轨副之间的平行度与等高度。

杠杆百分表使用注意事项：

1）由于杠杆百分表测量行程较小，测量时压表范围应在 0.1～0.2 mm 内，不能将百分表的测量杆顶死，使其无法正常工作。

2）测量过程中百分表的表针顺时针旋转表示加表，逆时针旋转表示减表。

3）安装夹持杠杆百分表的磁力表座的表架一定要拧紧，避免在测量过程中因表架抖动而产生测量误差。

任务实施

一、任务准备

实施本任务所需要的实训设备及工具材料见表1—3—3。

表1—3—3　　　　　　　　　　进给轴装配清单

序号	部件名称	型号	数量
1	X 向上防尘罩		1
2	十字槽小盘头螺钉	GB/T 818—2016 M4×10	14
3	X 向滑块固定板		1
4	内六角圆柱头螺钉	GB/T 70.1—2008 M6×25	4
5	内六角圆柱头螺钉	GB/T 70.1—2008 M4×20	18
6	上滑座左右压板		2
7	十字槽沉头螺钉	GB/T 819—2016 M4×10	22
8	X 向风琴式防护罩		1
9	内螺纹圆锥销	GB/T 118—2000 6×20	10
10	内六角圆柱头螺钉	GB/T 70.1—2008 M5×25	4
11	Z 向丝杆轴承座左支架		1
12	内六角圆柱头螺钉	GB/T 70.1—2008 M4×12	12
13	X 轴滚珠丝杠		1
14	X 向调整垫块		1
15	Z 向丝杆轴承座右支架		1
16	角接触滚珠轴承	GB/T 292—2007 7001C	2
17	Z 向丝杆轴承上盖		1
18	内六角圆柱头螺钉	GB/T 70.1—2008 M4×14	4
19	X 向副导轨固定支架		2
20	深沟滚珠轴承	GB/T 276—2013 80100	1
21	弹簧垫圈	GB/T 93—1987 M5	6
22	垫圈	GB/T 97.1—2002 5	6
23	内六角圆柱头螺钉	GB/T 70.1—2008 M4×16	1
24	X 向电动机固定板		1
25	X 向伺服电动机固定板		1
26	伺服电动机	400 W	1
27	内六角圆柱头螺钉	GB/T 70.1—2008 M5×16	8
28	电动机罩壳		1
29	电动机盖板		1
30	四工位电动刀架		1
31	机床资料	数控车床使用说明书、进给轴装配图	1 套
32	安装工具		1 套
33	测量仪表		1 套

二、任务实施

1. 进给轴组装所需装配图

装配图如图 1—3—13 和图 1—3—14 所示。

2. 安装步骤

（1）X 轴的组装及调整。X 向滚珠丝杠支承轴承间隙，通过调整双圆螺母来实现。

（2）Z 轴的组装及调整。Z 向滚珠丝杠支承轴承间隙，通过调整双圆螺母来实现。

（3）行程开关的安装。将 X、Z 轴上的行程开关安装好，并调整其位置，让每个轴的碰板都能起作用。

（4）间隙的测量及补偿。在机床的进给传动链中总是存在有间隙的，有间隙而未作补偿，会直接影响进给的伺服精度。

间隙一般是由下述几种原因造成的：

1）轴承的间隙。

2）滚动丝杠副的间隙及丝杠的弯曲振动。

3）滑动斜铁调整不当。

4）进给传动链中的间隙。

当机床进给传动链存在间隙时，会直接影响工件的加工精度，为此，在数控装置内设置了间隙补偿功能。

在机床出厂前厂家已仔细地测量了进给系统的间隙值，并进行了补偿。但是机床长期使用后，由于磨损等原因，补偿量就不适当了，当其已影响到加工精度时，就需要用户自己重新进行间隙补偿量的设定。

间隙补偿量可以根据记录在数控装置内的参数（X 向参数地址、Z 向参数地址）进行设定。关于变更参数的详细说明，请参考数控系统的使用说明书。

操作提示

* 间隙测定的方法

1. 使刀架从停留位置向（—）方向快速移动 0.5 mm。

2. 将百分表测量杆对准移动滑板压下，使表指针转过半圈左右，然后转动表圈，使表盘的零位刻线对准指针。

3. 使刀架从停留位置向（—）方向快速移动 50 mm。

4. 使刀架从新的停留位置向（＋）方向快速移动 50 mm。

5. 读出此时百分表的值，此值称为反向偏差，包含了传动链中的总间隙，反映其传动系统的精度。

● 上述动作可通过编一简单程序进行。注意进行第 4 条动作时为了读表方便，程序应在停留点延时 3~5 s。

● 上述动作应重复进行 5 次，取其算术平均值作为间隙补偿量。

● 根据实测出的 X、Z 轴的反向偏差值，分别补偿到其对应参数号中。

* 斜铁的调整

X 向滑板与拖板导轨间的间隙，可以用斜铁进行调整。斜铁的刮研精度、斜铁调整的好坏能够影响反向偏差、滑板动态响应特性及机床运动的位置精度，所以其调整应该仔细进行。

如图1—3—15所示为拖板斜铁布置图，调整斜铁的步骤为：

1. 拆掉前刮油板。

2. 先拧紧大端斜铁调整螺钉后，倒回1/4～1/2圈。

3. 向外再拧小端斜铁调整螺钉，使其与大端斜铁螺钉共同把斜铁固牢。

4. 在X轴全程上，空行程≤0.01 mm则表示该间隙正常。横滑板斜铁上粘有塑料软带，因此，调整时应小心，注意不要碰坏或划伤该面。

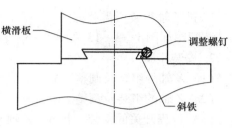

图1—3—15 拖板斜铁布置图

3. 实训报告

（1）按所选择的实训方案写出安装工艺。

（2）写出在安装过程中存在的问题。

（3）写出安装所用的时间。

（4）填写各轴的精度测量值，见表1—3—4。

表1—3—4 进给轴的精度检测

序号	检测内容	允许误差（mm）	实测结果（mm）
1	底座平板安装水平	<1 格	
2	Z轴主导轨与底座平板侧面的平行度	0.01	
3	Z轴两根导轨的平行度与等高度	0.01	
4	Z轴电动机支座与轴承支座用于滚珠丝杠安装孔的同轴度	0.01	
5	Z轴滚珠丝杠与两根导轨的平行对称度	0.01	
6	X轴主导轨与下移动平台侧面的平行度	0.01	
7	Z轴运动相对于X轴运动的垂直度	0.01	
8	X轴两根导轨的平行度与等高度	0.01	
9	X轴电动机支座与轴承支座对于滚珠丝杠安装孔的同轴度	0.01	
10	X轴滚珠丝杠与两根导轨的平行对称度	0.01	
11	手摇转动X、Z轴，检查两轴移动是否灵活平稳	灵活平稳	
12	工作台移动是否有异响	无异响	

任务测评

完成操作任务后，学生先按照表1—3—5进行自我测评，再由指导教师评价审核。

表1—3—5 评分标准

序号	项目	考核内容及要求	配分	评分标准	扣分	得分
1	材料准备	所有的装配材料是否齐全	10	每漏一项扣2分		

续表

序号	项目	考核内容及要求	配分	评分标准	扣分	得分
2	进给轴的安装	解读进给轴各部件安装方法及工艺要求	50	（1）X 轴的丝杠安装方法是否正确，不正确扣 15 分 （2）Z 轴的丝杠安装是否正确，不正确扣 15 分 （3）行程开关是否装全，不全扣 10 分 （4）X 轴和 Z 轴的电动机安装是否正确，不正确扣 10 分		
3	装配图	解读装配图的各要素	30	没有看懂装配图扣 30 分		
4	安全文明生产	应符合机床安全文明生产的有关规定	10	违反安全文明生产有关规定不得分		
指导教师评价					总得分	

思考与练习

一、填空题（将正确答案填在横线上）

1. 进给轴由_____、_____、_____、滑座左右压板、丝杠轴承上盖、电动机固定板、_____、_____、_____、电动机盖板等组成。

2. 杠杆百分表测量行程较小，测量时压表范围应在_____内，不能将百分表的测量杆顶死，使其无法正常工作。

3. 滚珠丝杠副的预压方式有_____和_____。

4. 滚珠丝杠副的安装方式主要有_____、_____、_____和_____四种，由于安装方式不同，容许轴向载荷及容许回转转速也有所不同。

5. 丝杠的轴线必须和与之配套导轨的_____平行，机床的_____与_____必须_____点成一线。

二、选择题（将正确答案的序号填在括号里）

1. （   ）不是调整斜铁的步骤。

   A. 拆掉前刮油板

   B. 先拧紧大端斜铁调整螺钉后，倒回 1/4 ~ 1/2 圈

   C. 向外再拧小端斜铁调整螺钉，使其与大端斜铁螺钉共同把斜铁固牢

   D. 在 X 轴全程上，空行程 ≤0.02 mm 则表示该间隙正常

2. 间隙测定的方法是（   ）。

A. 使刀架从停留位置向（－）方向快速移动 0.5 mm

B. 将百分表测量杆对准移动滑板压下，使表指针转过半圈左右，然后转动表圈，使表盘的零位刻线对准指针

C. 使刀架从停留位置向（－）方向快速移动 50 mm

D. 使刀架从新的停留位置向（＋）方向快速移动 50 mm

E. 读出此时百分表的值，此值称为反向偏差，也包含了传动链中的总间隙，反映其传动系统的精度

3. 造成间隙的原因有（　　　　）。

A. 轴承的间隙　　　　　　　　　B. 滚动丝杠副的间隙及丝杠的弯曲振动

C. 滑动斜铁调整不当　　　　　　D. 进给传动链中的间隙

4. 滚珠丝杠副的安装方式有（　　　　）。

A. 支承—支承　　　　　　　　　B. 一端固定，另一端支承

C. 两端自由　　　　　　　　　　D. 一端固定，另一端自由

三、判断题（将判断结果填入括号中，正确的填"√"，错误的填"×"）

1. X 向滚珠丝杠支承轴承间隙，通过调整双圆螺母来实现。　　　　　　　　（　　）

2. 热变性是很明显的，1.5 m 长的丝杠在冷、热的不同环境下变化 0.05 ~ 0.10 mm 是很正常的。　　　　　　　　　　　　　　　　　　　　　　　　　　　　　（　　）

3. 丝杠一端固定，另一端支承不是丝杠支承的形式。　　　　　　　　　　　（　　）

4. 一端固定，另一端自由的结构适用于目前国内中小型数控车床、立式加工中心等。
　　　　　　　　　　　　　　　　　　　　　　　　　　　　　　　　　　（　　）

5. 固定—固定不是滚珠丝杠副的安装方法。　　　　　　　　　　　　　　　（　　）

四、简答题

1. 简述进给装置的机械结构。

2. 简述进给装置的安装方法。

模块二

DL-CK260型数控车床电气部分

任务一　DL-CK260 型数控车床电气装调

学习目标

1. 掌握 808D 数控系统控制原理。
2. 掌握数控车床的电气控制原理。
3. 掌握数控车床维修时常用工具的使用方法。
4. 了解数控车床常用电气图形符号的含义。
5. 掌握 808D 数控 PC 软件的安装方法。

任务导入

　　数控机床是集机械、电气、液压、气动、光学、检测、计算机、信息处理等技术于一体的高科技产品。安装好坏、技术调试好坏、元器件选型好坏等直接关系到数控车床的使用寿命。现以 CK260 型数控车床为例来探索数控车床在电气方面是如何进行安装、调试以及维修工作的。

相关知识

一、808D 数控系统控制原理

　　808D 数控系统控制主轴、两个进给轴（后面为了表述方便，以 X 轴和 Z 轴进行说明），另外还要控制辅助装置即冷却泵、润滑泵、照明、卡盘的夹紧与放松、四工位电动刀架等。外围需要采集的信息有霍尔传感器、限位开关、键盘操作、按钮开关信号、手轮脉冲信号等。如图 2—1—1 和图 2—1—2 所示为数控系统控制结构图。

　　下面来介绍 808D 数控系统构成及相关组成部分。

　　1. 808D 数控系统本体组成

　　（1）PPU 面板部分

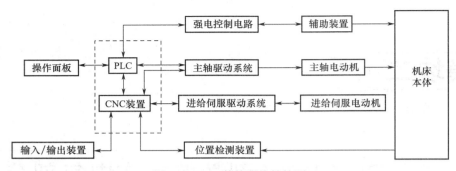

图 2—1—1   数控系统结构图

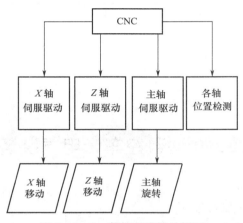

图 2—1—2   数控系统简易框图

1）PPU 人机对话窗口及键盘正面，如图 2—1—3 所示。

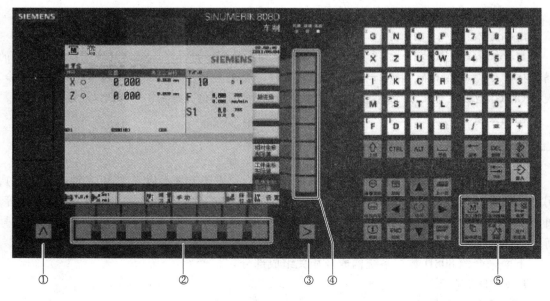

图 2—1—3   PPU 面板正面

PPU 人机对话窗口及键盘各位置含义见表 2—1—1。

2）PPU 面板背面如图 2—1—4 所示，各接口的注释见表 2—1—2。

表 2—1—1　　　　　　　　　　　　　各按键说明

图示序号	名称	说明
①	返回键	返回到上级菜单
②	水平软键	调用相关的菜单功能
③	扩展键	预留，无功能
④	垂直软键	调用相关的菜单功能
⑤	操作区	 M 加工操作 "加工操作"
		程序编辑 "程序编辑"
		 偏置 "偏置"
		 程序管理 "程序管理"
		 系统 诊断 • "诊断" • 与 Shift 键组合使用打开 "系统" 操作
		 用户 自定义 "用户自定义"

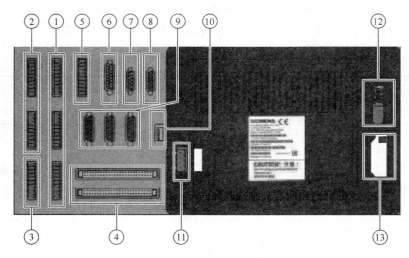

图 2—1—4　PPU 面板背面

表 2—1—2　　　　　　　　　　　各接口注释

图示序号	接口	注释
①	X100，X101，X102	数字输入接口
②	X200，X201	数字输出接口
③	X21	快速输入/输出接口
④	X301，X302	分布式输入/输出接口
⑤	X10	手轮输入接口
⑥	X60	主轴编码器接口
⑦	X54	模拟主轴接口
⑧	X2	RS232 接口
⑨	X51，X52，X53	脉冲驱动接口
⑩	X30	USB 接口，用于连接 MCP
⑪	X1	电源接口，+24 V 直流电源
⑫		电池接口
⑬		系统软件 CF 卡插槽

操作提示

1. 电池位于电池插槽中，接通控制器之前先接通电池。

2. 未连接电池时系统会产生报警，但在系统断电后数据会丢失。

3. 电池型号：锂电池 3 V。

4. 使用寿命：3 年（出现 2100 报警信号时，应立即更换电池）。

（2）MCP 水平控制面板。MCP 面板如图 2—1—5 所示，其按键说明见表 2—1—3。

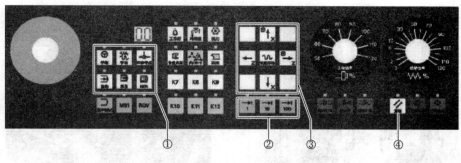

图 2—1—5　MCP 面板

表 2—1—3　　　　　　　　　　　　　MCP 按键说明

图示序号	名称	说明
①	模式导航键	进入回参考点模式，进行回参考点操作
		进入手动模式（手动操作）
		进入自动模式（自动操作）
		进入 MDA 模式（程序手动输入，自动运行）
②	增量式进给键	轴按增量 1 移动
		轴按增量 10 移动
		轴按增量 100 移动
③	轴运行键	移动一个进给轴（X、Z）
④	复位键	● 复位 NC 程序 ● 取消报警

2. 进给轴伺服电动机及驱动器

西门子伺服电动机和伺服驱动器如图 2—1—6 所示。

（1）X 轴电动机及驱动器。根据床体负载大小选用 4A Drive ＋4 Nm （w/o brake） Motor ＋ Cable （5 m） 4 Nm 电动机，2 000 r/min，光直轴就可以满足需要。

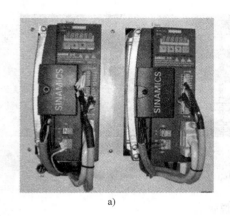 

a)   b)

图 2—1—6   V60 伺服驱动器及电动机
a) 伺服驱动器   b) 伺服电动机

（2）Z 轴电动机及驱动器。Z 轴除了要考虑其本体的负重外，还要考虑承重 X 轴和四工位电动刀架的负重，所以在选型时，一般比 X 轴大一规格，因此选 6A Drive + 6 Nm（w/o brake）Motor + Cable（5 m）4 Nm 电动机，2 000 r/min，光直轴就可以满足需要。

PPU 面板与 V60 型伺服驱动器接线示意图如图 2—1—7 所示。

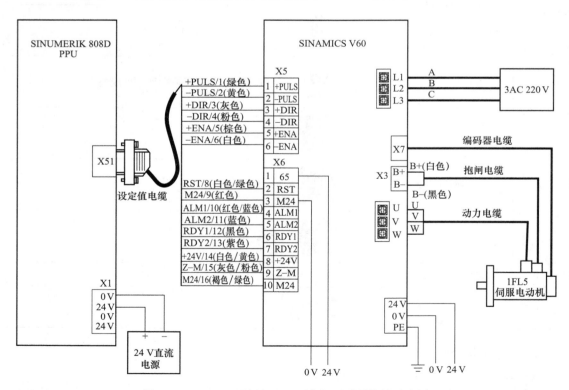

图 2—1—7   PPU 面板与 V60 型伺服驱动器接线示意图

操作提示

若 X5 和 X6 接线错误，则可能导致驱动损坏。

3. 主轴电动机及主轴变频器（见图 2—1—8）

变频器与 PPU 的接线示意图如图 2—1—9 所示。

a)   b)

图 2—1—8　主轴电动机及主轴变频器

a）主轴电动机　b）主轴变频器

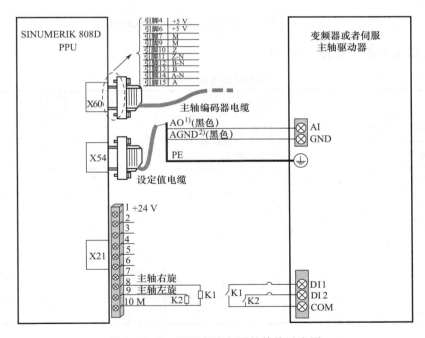

图 2—1—9　PPU 与变频器的接线示意图

4. 四工位电动刀架

（1）刀架电动机一台。

（2）霍尔传感器四只。

5. 辅助装置

（1）冷却电动机一台。

（2）润滑电动机一台。

（3）照明灯设施一套。

6. 控制接口信号单元

三连体限位开关组，用于检测 X/Z 轴的参考点、左右限位、前后限位的信号。

7. 手轮脉冲发生器

手轮与数控 PPU 的接线示意图如图 2—1—10 所示。

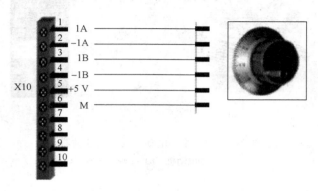

图 2—1—10　手轮与数控 PPU 的接线示意图

8. 主要低压电器（见表 2—1—4）

表 2—1—4　　常用低压电器明细表

名称	型号	单台数量	单位
漏电断路器	4P 32 A	1	只
交流接触器	CJX2-1810 AC 380 V	1	只
中间继电器	HH54P DC 24 V 60 Hz	2	只
继电器座	四开四闭	2	只
变压器	三相 AC 380 V／三相 AC 220 V	1	台
照明灯	AC 24 V　25 W	1	只
报警灯组	三色灯黄绿红 DC 24 V	1	只
开关电源	8.3 A	1	只

二、CK260 型数控车床电气控制原理

1. 主回路图（见图 2—1—11）

2. 电源回路图（见图 2—1—12）

3. 直流电源控制回路图（见图 2—1—13）

4. 电动机控制回路图（见图 2—1—14）

5. 电动机主回路图（见图 2—1—15）

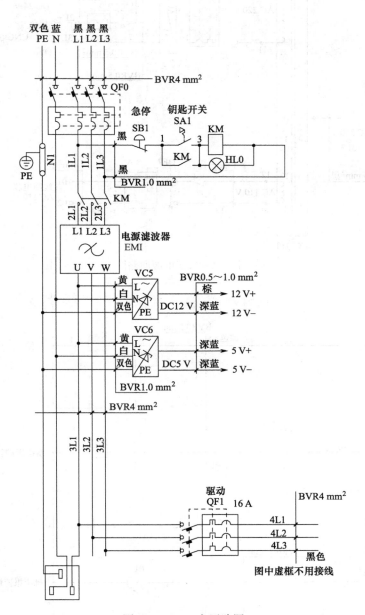

图 2—1—11　主回路图

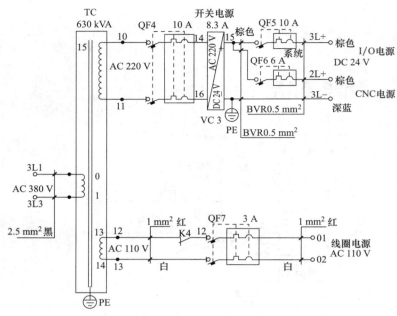

图 2—1—12 电源回路图

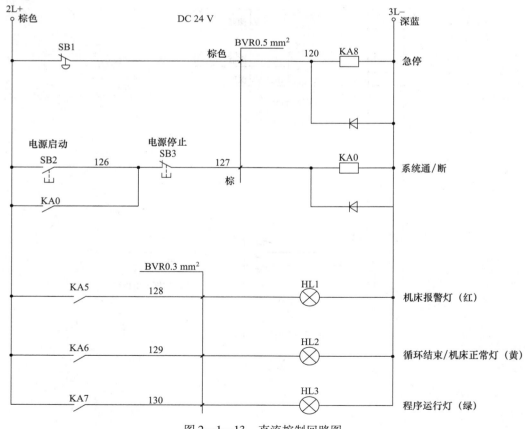

图 2—1—13 直流控制回路图

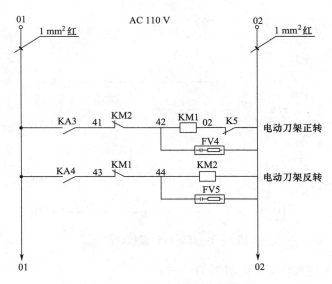

图 2—1—14　电动机控制回路图

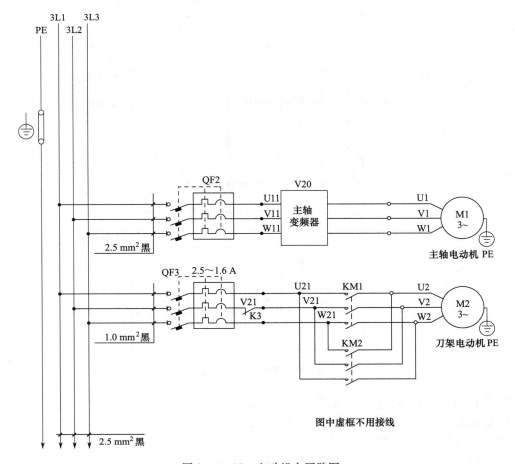

图 2—1—15　电动机主回路图

6. PPU 面板接线图（见图 2—1—16）

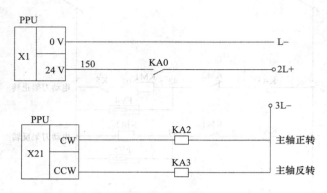

图 2—1—16 PPU 面板接线图

7. 数控系统输入原理图 1（见图 2—1—17）

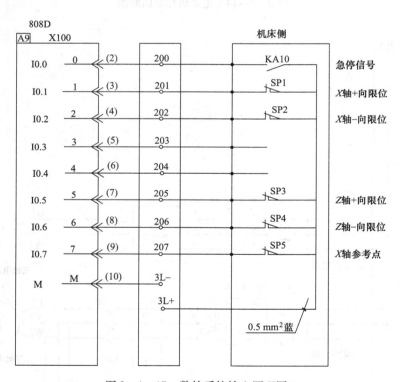

图 2—1—17 数控系统输入原理图 1

8. 数控系统输入原理图 2（见图 2—1—18）

9. 数控系统输出原理图 1（见图 2—1—19）

10. 数控系统输出原理图 2（见图 2—1—20）

11. 变频器控制主轴电动机原理图（见图 2—1—21）

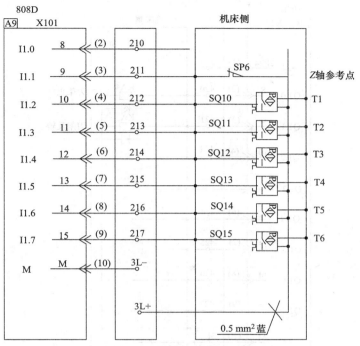

图 2—1—18 数控系统输入原理图 2

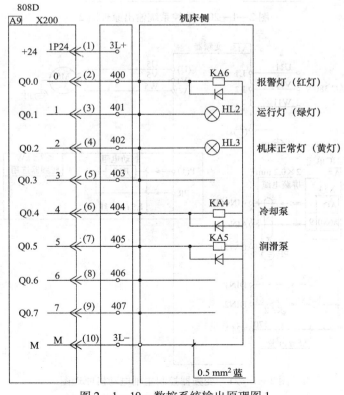

图 2—1—19 数控系统输出原理图 1

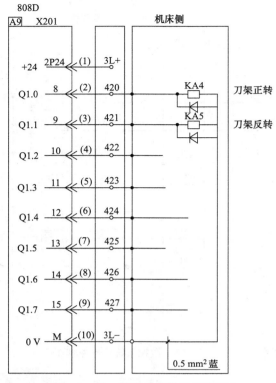

图 2—1—20 数控系统输出原理图 2

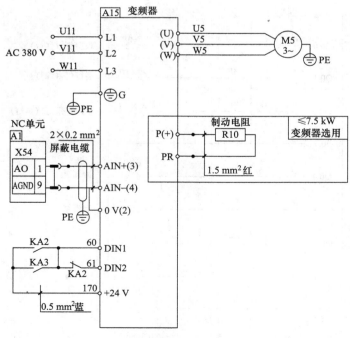

图 2—1—21 变频器控制主轴电动机原理图

12. 数控车床系统连接示意图（见图2—1—22）

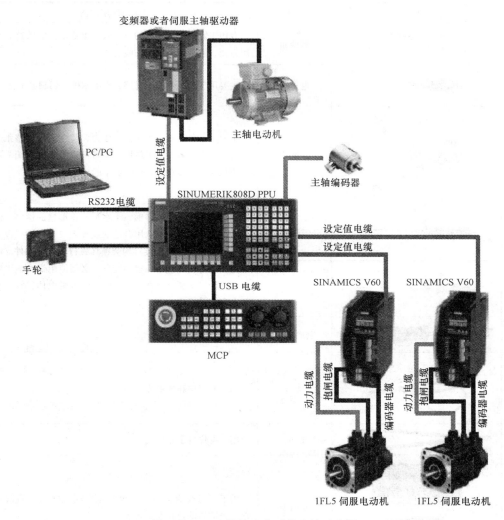

图2—1—22　数控车床系统连接示意图

三、数控车床维修常用工具

数控车床维修常用工具见表2—1—5。

表2—1—5　　　　　　　　　　数控车床维修常用工具列表

序号	图形	名称	用途及使用方法
1		钢丝钳	用于夹持或折断金属薄板以及切断金属丝（导线）
2		尖嘴钳	它的头部尖而长，适合在较窄小的工作环境中夹持轻巧的工件或线材，剪切、弯曲细导线

序号	图形	名称	用途及使用方法
3		剥线钳	专用于剥离导线头部的一段表面绝缘层。它的特点是使用方便，剥离绝缘层不伤线芯
4		电工刀	主要用于剥削导线绝缘层、剥削木榫、切割电工材料等
5		压线钳	主要用于各种端子的压接。压力调整旋钮可调整张开钳口尺寸，方便各种端子使用。可将铜质裸压接线端头用冷压钳稳固地压接在多股导线或单股导线上
6		一字旋具	用来旋动头部带一字形、十字形、花形槽的螺钉。使用时，应按螺钉的规格选用合适的旋具刀口。任何"以大代小，以小代大"使用旋具均会损坏螺钉和电气元件。电工不可使用金属杆直通柄根的旋具，必须使用带有绝缘柄的旋具。为了避免金属杆触及皮肤及邻近带电体，宜在金属杆上穿套绝缘管
7		十字旋具	
8		套筒扳手	用于拧紧螺母
9		剪刀	用于剪胶皮和扎带之类的东西
10		镊子	用于夹住电子元件
11		万用表	用于测量交直流电压、电流值，测试电阻，测试二极管，测试晶体管放大系数等
12		低压验电笔	用于检查 500 V 以下的导体或各种用电设备的外壳是否带电。它分为数字显示和氖管发光型两种。可用于鉴别火线与零线
13		焊锡	它是焊接线路板时用的原料
14		电烙铁	用于电线头部上锡，电线与叉型接线端头焊接

续表

序号	图形	名称	用途及使用方法
15		钢直尺	测量结果只能读出毫米数，即它的最小读数值为 1 mm，比 1 mm 小的数值，只能估计而得
16		直角尺	用于 Z 轴运动相对于 X 轴运动的垂直度测量
17		钢卷尺	它主要由尺带、盘式弹簧（发条弹簧）、卷尺外壳三部分组成。当拉出刻度尺时，盘式弹簧被卷紧，产生向回卷的力；当松开刻度尺时，刻度尺就被盘式弹簧的拉力拉回

四、808D 数控 PC 软件的安装步骤及说明

1. 进入 808D on PC 的安装源文件目录，双击 setup 图标 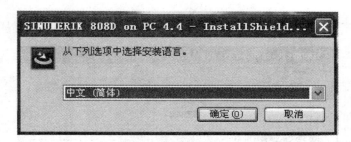 setup.exe Setup Laun Siemenz AG O

2. 弹出如图 2—1—23 所示对话框。

图 2—1—23　选择语言

3. 选择语言并单击"确定"，弹出如图 2—1—24 所示对话框。

图 2—1—24　安装流程 1

4. 单击"下一步",弹出如图 2—1—25 所示对话框。

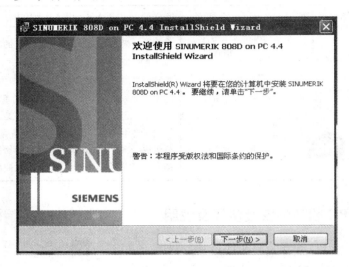

图 2—1—25　安装流程 2

5. 单击"下一步",弹出如图 2—1—26 所示对话框。

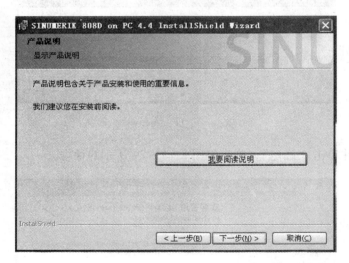

图 2—1—26　安装流程 3

6. 单击"下一步",弹出如图 2—1—27 所示对话框。
7. 一定要选择"我接受该许可证协议中的条款",弹出如图 2—1—28 所示对话框。
8. 可以更改安装目录,单击"下一步"弹出如图 2—1—29 所示对话框。

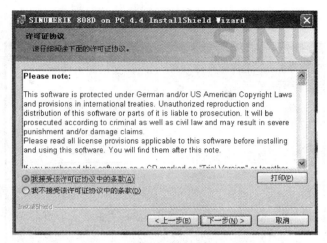

图 2—1—27　安装流程 4

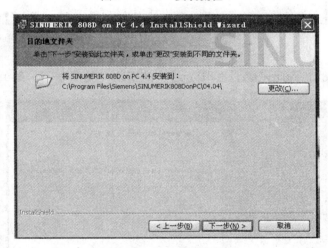

图 2—1—28　安装流程 5

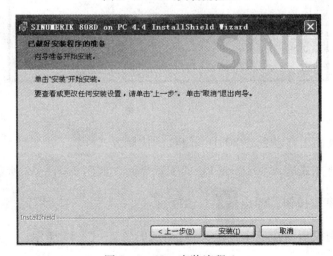

图 2—1—29　安装流程 6

9. 单击"安装",弹出正在安装界面对话框（见图2—1—30）。

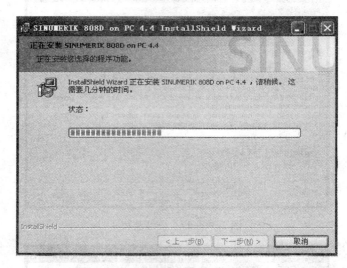

图2—1—30　安装流程7

10. 单击"完成",到此完成了808D on PC 的安装（见图2—1—31）。

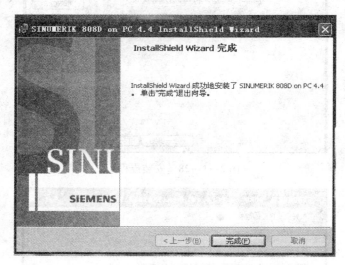

图2—1—31　安装流程8

11. 系统会在桌面上自动创建808D on PC 的快捷方式。

12. 双击该快捷方式进入808D on PC 的配置界面,如图2—1—32 所示。

13. 单击"新建"按钮,弹出对话框。

14. 选择"采用模板新建机床配置",对话框如图2—1—33 所示。

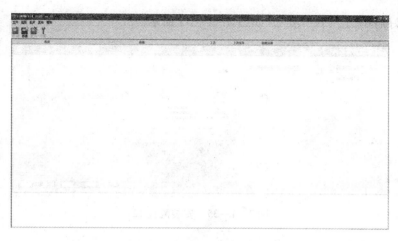

图 2—1—32　安装流程 9

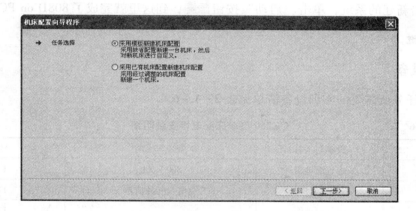

图 2—1—33　安装流程 10

15. 机床选择中的 Milling machine 是铣床，Turning machine 是车床，单击"下一步"，如图 2—1—34 所示。

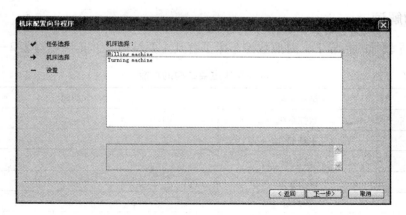

图 2—1—34　安装流程 11

16. 选择好后单击"下一步"，如图 2—1—35 所示。

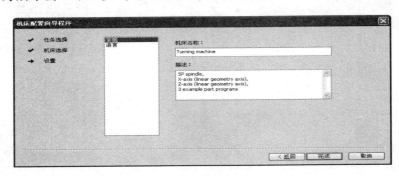

图 2—1—35　安装流程 12

17. 选择常规单击"完成"。

18. 单击新建的系统，单击"启动"按钮 ，到这里就完成了 808D on PC 的设置。

任务实施

一、任务准备

实施本任务所需要的实训设备清单见表 2—1—6。

表 2—1—6　　　　　　　CK260 型车床配电柜安装明细

序号	设备与工具	型号与说明	数量
1	电气配电盘	800×600	1 块
2	电气元件	见电气元件清单	1 套
3	电气原理图		1 份
4	工具		1 套
5	安装用资料		1 套

二、车床的解读

1. 在指导教师的指导下，对照数控车床了解其主要结构，并正确填写表 2—1—7。

表 2—1—7　　　　　　　数控车床主要结构的功能

序号	结构名称	功能
1	数控系统	
2	主轴部分	
3	进给轴	
4	换刀装置	
5	润滑泵	
6	冷却泵	

2. 在指导教师的指导下，仔细观察数控车床及其电气控制柜（见图 2—1—36），并对照如图 2—1—37 所示的数控车床电气整机连接示意图，识别各电气元件的型号、位置和用途，并正确填写表 2—1—8。

图 2—1—36 电气控制柜

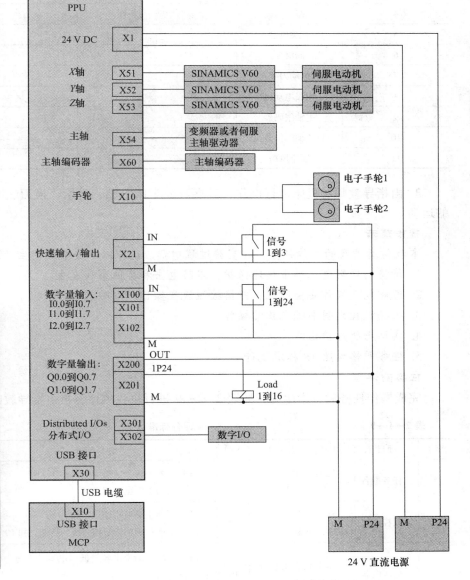

图 2—1—37 数控车床电气整机连接示意图

表 2—1—8　　　　　　　　　　　　电气元件的型号和用途

序号	电器名称	型号	用途
1	数控系统		
2	变频器		
3	X/Z 伺服驱动器		
4	伺服变压器		
5	开关电源		
6	润滑泵		
7	电动刀架		
8	伺服电动机		
9	主轴编码器		
10	X/Z 轴限位开关		
11	轴流风扇		

3. 由指导教师对机床进行操作，观察数控车床主轴、进给、换刀、冷却、润滑等系统的运动。

操作提示

本教材所涉及的工作任务，在实施过程中都应遵守以下安全文明生产规定。

1. 请使用规则电压并带接地保护，以防电击和其他事故发生。

2. 遵守电气操作安全规程，严格按照规程操作，以防触电。

3. 根据数控说明书进行正常操作。

4. 实训场所严禁嬉戏。

5. 任务严格按照 7S 标准执行。

任务测评

完成操作任务后，学生先按照表 2—1—9 进行自我测评，再由指导教师评价审核。

表 2—1—9　　　　　　　　　　　　评分标准

序号	项目	考核内容及要求	配分	评分标准	扣分	得分
1	任务准备	检查工具、资料是否准备齐全	5	（1）工具不齐全，每少一件扣 0.5 分 （2）资料不齐全，扣 3 分		
2	数控系统	解读数控系统的型号、功能	20	（1）不能正确填写型号，扣 10 分 （2）不能正确解读数控系统的功能，扣 10 分		
3	低压电器	能识别各类低压电器及作用	10	（1）不能正确说出各类低压电器的型号，每种扣 1 分 （2）不会使用，扣 2 分		
4	安全文明生产	应符合国家安全文明生产的有关规定	5	违反安全文明生产有关规定不得分		

续表

序号	项目	考核内容及要求	配分	评分标准	扣分	得分
5	进给系统	能识别伺服驱动器、伺服变压器、进给机构、伺服电动机，并说出其作用及它们在机床中的位置	20	（1）不能正确说出伺服驱动器型号及用途扣5分 （2）不能正确说出伺服电动机型号及用途扣5分 （3）不能正确说出伺服变压器的各组电压及用途扣5分 （4）不能正确指出各部件的机床位置扣5分		
6	辅助装置	能识别电动刀架、润滑泵、冷却泵型号，并说出其用途及位置	20	（1）不能正确说出电动刀架的型号及用途扣10分 （2）不能正确指出刀架的机床位置扣2分 （3）不能说出润滑泵、冷却泵型号并说出其用途扣8分		
指导教师评价					总得分	

思考与练习

一、填空题（将正确答案填在横线上）

1. 808D 数控系统主要由_____、_____、_____组成。PPU 面板背面的 X54 是用于连接_____的接口，X60 是用于连接_____的接口。

2. 数控系统操作区由_____、_____、_____和_____、_____组成。

3. MCP 模式导航键由_____、_____、_____、_____组成。

4. 变频器控制主轴是通过_____信号来实现调速的。

5. 电子手轮是以_____脉冲信号来实现的。

二、选择题（将正确答案的序号填在括号里）

1. 进工作场地之前，应（　　）。
   A. 穿凉鞋　　　　B. 戴安全帽　　　　　C. 大声喧哗　　　　D. 点燃一根烟

2. 下列关于电池的说法，正确的有（　　）。
   A. 电池位于电池插槽中，接通控制器之前先接通电池
   B. 未连接电池时系统会有报警，但在系统断电后数据会丢失
   C. 电池型号为锂电池 12 V
   D. 使用寿命为 13 年

3. PLC 输入/输出的供电部分电源为（　　）。
   A. AC 110 V　　　B. DC 110 V　　　　C. DC 36 V　　　　D. DC 24 V

三、简答题

808D 数控系统在通电之前要注意哪些事项？

任务二　主轴线路装调与典型故障诊断

学习目标

1. 熟悉主轴的控制原理及接线方法。
2. 能够安装主轴变频器。
3. 能够调试 808D 主轴参数。
4. 掌握变频主轴参数设置方法。
5. 能够对主轴常见故障进行诊断与修复。

任务导入

DL-CK260 型数控车床的主轴线路的控制原理、调试方法、操作方法和常见故障诊断是学习数控车床主轴线路装调的四大要素。在主轴出现故障时，要想快速将设备恢复正常，这就要求平时练好基本功，对于设备的内部结构、器件位置、相关部件、控制思路、工艺流程及知识要点均要一一搞懂，才能在主轴出现故障时判断不失方向，找到设备的病灶，为设备的恢复赢得了宝贵时间，从而不影响生产。

相关知识

一、主轴控制方式

主轴控制方式常见的有两种，一种是经济型的变频控制主轴，另一种是高性能型的伺服控制主轴。下面以变频控制为例来探讨数控主轴控制的主要内容。

二、主轴变频控制的基本原理

为满足数控车床对主轴驱动的要求，主轴控制系统必须有以下性能：宽调速范围，且速度稳定性能要高；在断续负载下，电动机的转速波动要小；加减速时间短；过载能力强；噪声低、振动小、寿命长。

1. 主轴变频控制电动机的基本原理

由异步电动机理论可知，主轴电动机的转速公式为：

$$n = (60f/p) \times (1-s)$$

式中　n—电动机的转速；

　　　f—供电电源的频率；

　　　p—电动机的极对数；

　　　s—转差率。

从上式可以看出，电动机的转速与频率近似成正比，改变频率即可平滑地调节电动机转速，而对于变频器而言，其频率的调节范围是很宽的，可在 0~400 Hz（甚至更高频率）之间任意调节，因此主轴电动机转速可在较宽的范围内调节。

当然，转速提高后，还应考虑到对其轴承及绕组的影响，为了防止电动机过分磨损及过热，一般可以通过设定最高频率来进行限定。因此可大致确定变频器控制状态框图，如图2—2—1 所示。

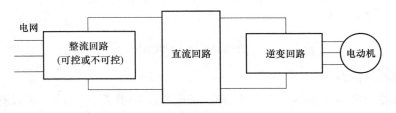

图 2—2—1　变频器控制状态框图

2. 变频器安装

由于变频器是发热元件，在安装时要注意，根据工业配电盘的要求，对于易燃易爆物品，要放置在配电盘的最上端，这样即便元件着火也可以减少损失。

3. 变频器控制主轴电动机的电气主回路

在这里不再讲变频器的原理，因为在许多类似的书中都有详细的描述，为不重复起见，这里主要讲变频器在数控机床上的应用。数控机床是机电一体设备的特殊产物，如何应用变频器，并且让变频器的优势发挥得淋漓尽致，这里边就有学问了，且与行业的经验息息相关。现在可以来比较图 2—2—2 和图 2—2—3 有什么不同。首先说明这两种图的控制思路都没有问题，其接线也没有问题，但细心的读者不难发现，图 2—2—2 比图 2—2—3 多了一个三极断路器，下面就进入讨论。

（1）从成本来看，图 2—2—2 比图 2—2—3 价格要贵一点。

（2）从工作量来看，图 2—2—2 比图 2—2—3 多使用三根铜导线和一根安装导轨。

（3）从安装面积来看，图 2—2—2 比图 2—2—3 多占了一个安装位。

（4）从控制方便性来看，图 2—2—2 比图 2—2—3 更有控制点。为什么这样讲，原因主要有以下三点：

1）主轴在调试过程中，变频器的参数要不断修改，如果要保证每次修改参数的及时有效性，那么每修改一次参数就要让变频器断电一次。若次次都去切断总开关或者与其他回路共享的空开，则势必会造成其他回路的停电，可能会导致其他回路原始信息的丢失。

2）对主轴电动机的二次保护。当主轴过载或其他意外现象发生时，可以迅速切断电路。

3）维修工作的方便性，便于故障的排查。

（5）从其他方面来看，这个由读者展开想象，看还有什么不同。

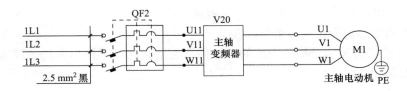

图 2—2—2　变频器控制主轴电动机线路图 1

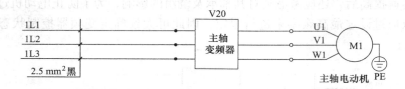

图2—2—3　变频器控制主轴电动机线路图2

4. 变频器控制回路

（1）变频器与电动机接线回路。车床厂家选择变频器控制主轴，可以选择模拟主轴接口，系统向外部提供0～10 V的模拟电压，接线比较简单。注意极性不要接错，否则变频器不能调速。系统发出主轴运转指令后，变频器应接收到运转信号（KA2或KA3）及速度模拟电源X54（0～10 V），否则检查线号60、61、170线路是否连接正确，如图2—2—4所示。

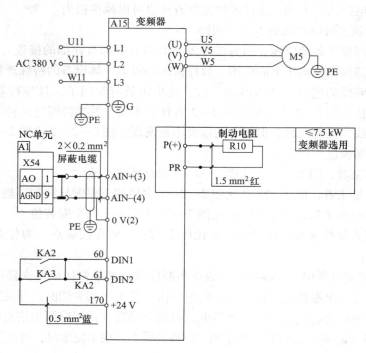

图2—2—4　变频器控制主轴接线图

（2）MM420变频器与数控系统808D的连接回路图。通过一根模拟电缆从变频器端连接数控系统的背面，其接线图如图2—2—5所示。

（3）变频器的面板操作及各级参数含义

1）西门子变频器是由分模块组成的，如果在选型时忽略了操作面板，设置参数就不方便完成，如图2—2—6所示。

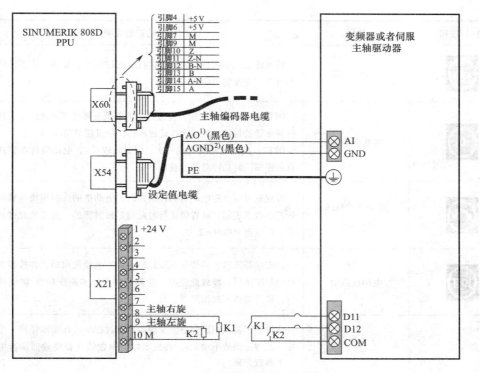

图 2—2—5　变频器与数控系统接线图

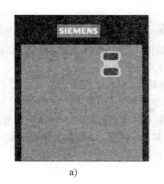

a)

b)

图 2—2—6　变频器操作面板

a）AOP 状态显示板　b）BOP 基本操作板

2）变频器的基本操作（见表 2—2—1）。

表 2—2—1　　　　　　　　　　　　变频器操作说明

显示/按钮	功能	功能的说明
r0000 Hz F[1]	状态显示	LCD 显示变频器当前的设定值

显示/按钮	功能	功能的说明
	启动变频器	按此键启动变频器。缺省值运行时此键是被封锁的。为了使此键的操作有效，应设定 P0700 = 2
	停止变频器	OFF1：按此键，变频器将按选定的斜坡下降速率减速停车。缺省值运行时此键被封锁。为了允许此键操作，应设定 P0700 = 2 OFF2：按此键两次（或一次，但时间较长），电动机将在惯性作用下自由停车。此功能总是"使能"的
	改变电动机的转动方向	按此键可以改变电动机的转动方向。电动机的反向用负号表示或用闪烁的小数点表示。缺省值运行时此键是被封锁的。为了使此键的操作有效，应设定 P0700 = 2
	电动机点动	在变频器无输出的情况下按此键，将使电动机启动，并按预先设定的点动频率运行。释放此键时，变频器停车。如果变频器/电动机正在运行，按此键将不起作用
	功能	此键用于浏览辅助信息。变频器运行过程中，在显示任何一个参数时按下此键并保持不动 2 s，将显示以下参数值（在变频器运行中从任何一个参数开始）： 1. 直流回路电压（用 d 表示，单位：V） 2. 输出电流（A） 3. 输出频率（Hz） 4. 输出电压（用 o 表示，单位：V） 5. 由 P0005 选定的数值（如果 P0005 选择显示上述参数中的任何一个（3，4 或 5），这里将不再显示） 连续多次按下此键将轮流显示以上参数 跳转功能 在显示任何一个参数（r××××或 P××××）时短时间按下此键，将立即跳转到 r0000，如果有需要，可以接着修改其他的参数。跳转到 r0000 后，按此键将返回原来的显示点
	访问参数	按此键即可访问参数
	增加数值	按此键即可增加面板上显示的参数数值
	减少数值	按此键即可减少面板上显示的参数数值

3）快速调试的流程图（仅适用于第 1 访问级）。

P0010开始快速调试

0准备运行

1快速调试

30工厂的缺省设置值

说明

在电动机投入运行之前，P0010必须回到"0"。但是，如果
调试结束后选定P3900=1，那么P0010回零的操作是自动进
行的

P0100选择工作地区是欧洲/北美

0 功率单位为kM：f的缺省值为50 Hz

1 功率单位为hp：f的缺省值为60 Hz

2 功率单位为kW：f的缺省值为60 Hz

说明

P0100的设定值0和1应该用DIP关来更改，使其设定的值固
定不变

P0304 电动机的额定电压Ⅰ

10~2 000 V

根据铭牌键入的电动机额定电压（V）

P0305 电动机的额定电流Ⅰ

0~2倍 变频器额定电流（A）

根据铭牌键入的电动机额定电流（A）

P0307 电动机的额定功率Ⅰ

0~2 000 kW

根据铭牌键入的电动机额定功率（kW）

如果P0100=1，功率单位应是hp

P0310 电动机的额定频率Ⅰ

12~650 Hz

根据铭牌键入的电动机额定频率（Hz）

P0311 电动机的额定速度Ⅰ

0~40 000 r/min

根据铭牌键入的电动机额定速度（r/min）

P0700 选择命令源Ⅱ

接通/断开/反转（on/off/reverse）

0 工厂设置值

1 基本操作面板（BOP）

2 输入端子/数字输入

P1000 选择频率设定值Ⅱ

0 无频率设定值

1 用BOP控制频率的升降↑↓

2 模拟设定值

P1080 电动机最小频率

本参数设定电动机的最小频率（0~650 Hz）；达
到这一频率时电动机的运行速度将与频率的设定
值无关

P1082 电动机最大频率

本参数设定电动机的最大频率（0~650 Hz）；达
到这一频率时电动机的运行速度将与频率的设定
值无关

P1120 斜坡上升时间

0~650 s

电动机从静止停车加速到最大电动机频率所需的
时间

P1121 斜坡下降时间

0~650 s

电动机从其最大频率减到静止停车所需的时间

P3900 结束快速调试

0 结束快速调试，不进行电动机计算或复位为工
厂缺省设置值

1 结束快速调试，进行电动机计算和复位为工厂
缺省设置值（推荐的方式）

2 结束快速调试，进行电动机计算和I/O复位

3 结束快速调试，进行电动机计算，但不进行I/O
复位

Ⅰ. 与电动机有关的参数请参看电动机的铭牌，如图2—2—7 所示。

Ⅱ. 表示该参数包含有更详细的设定值表，可用于特定的应用场合。

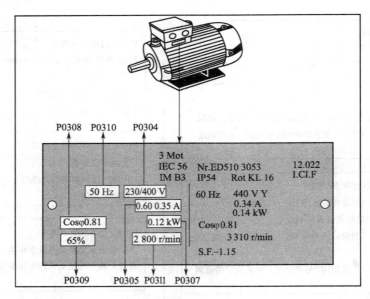

图 2—2—7　典型的电动机铭牌举例

4）变频器参数设置。在数控设备控制中，变频器的品牌很多，这里不谈选型，只讲变频器的参数设置。不论什么品牌变频器的参数设置，都不外乎这几个方面，即与主轴电动机相关的参数如主轴额定电压、额定电流、额定频率、额定转速、斜坡上升时间、斜坡下降时间、频率命令源、频率控制源、基准频率、最低频率、最高频率、模拟控制电压值。下面以西门子 MM420 变频器为例设置的变频器参数见表 2—2—2。

表 2—2—2　　　　　　西门子 MM420 变频器控制数控主轴设置的参数表

序号	参数代号	设定值	参数说明
1	P0304	400 V	电动机额定电压
2	P0305	7 A	电动机额定电流
3	P0307	2.2 kW	电动机额定功率
4	P0308	0.82	电动机额定功率因数
5	P0310	50 Hz	电动机额定频率
6	P0311	1 425 r/min	电动机额定转速
7	P0700	2	频率源
8	P1000	2	命令源
9	P0701	1	启动命令
10	P0702	12	反转命令
11	P0703	9	故障
12	P1080	0 Hz	最低频率
13	P2000	100 Hz	最大频率
14	P1082	100 Hz	最高频率
15	P1120	2 s	上升时间
16	P1121	2 s	下降时间

5. 数控系统位置模块 SMC30 与主轴编码器的接线（见图 2—2—8）

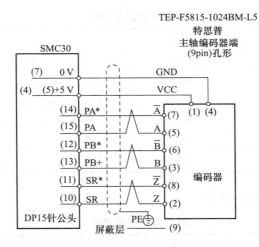

图 2—2—8　数控系统位置模块 SMC30 与主轴编码器的接线图

6. 808D 数控系统主轴参数的设置（见表 2—2—3）

表 2—2—3　　　　　　　　　　　　　　主轴参数设置参考表

序号	参数代号	设定值	参数说明
1	30130	0	模拟主轴
2	31020	1 024	编码器每转线数
3	32000	2 000 r/min	最大轴速度
4	32010	500 r/min	点动快速度
5	32020	100 r/min	点动速度
6	32060	100 r/min	定位轴速度
7	32100	1	轴运动方向
8	32110	1	位置反馈极性
9	32260	1 440 r/min	电动机额定转速
10	34060	120	参考点标记的最大距离
11	34070	2 r/min	参考点定位速度
12	34080	−2	参考点距离
13	35100	2 000 r/min	最大主轴转速

7. 主轴控制 PLC 程序的编写

（1）调用子程序 42_ SPINDLE（主轴控制）。子程序 42 用于主轴控制，包括主轴制动功能。当使用制动功能制动时，在手动模式下按下"逆时针转"键或"顺时针转"键，再按下"主轴停"键之后，主轴就会制动；在自动模式下，当主轴改变旋转方向或下滑时，主轴就会制动。当主轴制动时，相应的轴输出则会激活，同时，主轴不接受旋转命令，直接完成制动。

（2）主轴局部变量，见表2—2—4。

表2—2—4　　　　　　　　　　　主轴局部变量说明

名称	类型	说明
DELAY	WORD	主轴制动时长（单位：0.1 s）
DrvEn	BOOL	驱动使能
SP_EN	BOOL	主轴动作条件（1：允许；0：不允许）
IsBrake	BOOL	主轴制动功能（1：启用；0：禁止）
SP_brake	BOOL	主轴制动输出
SP_LED	BOOL	主轴运行状态

（3）相关 PLC 机床数据，见表2—2—5。

表2—2—5　　　　　　　　　　　PLC 机床数据说明

名称	类型	说明
14510 [13]	BOOL	主轴制动命令
14510 [19] .1	BOOL	选择主轴制动功能（1：启用；0：禁止）

（4）赋值的全局变量，见表2—2—6。

表2—2—6　　　　　　　　　　　全局变量赋值说明

名称	类型	说明
SP_B_CMD	BOOL	主轴制动命令
T11	定时器	主轴制动定时器

（5）调用子程序示例。PLC 编写的主轴控制梯形图如图2—2—9 所示。

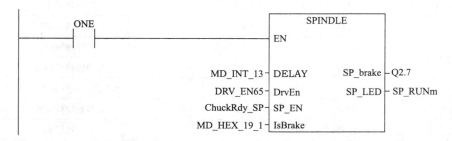

图2—2—9　主轴控制梯形图

8. 主轴的 JOG 操作

主轴操作的相关功能键及倍率操作选择如图2—2—10 所示。

确定接线正确无误后再进行此操作。

先按一下 [图标] 键，然后按一下主轴正转键 [图标] ，这时主轴电动机正向旋转。按一下主轴停止键 [图标] ，主轴停止运行。同理，要反转就按主轴反转键 [图标] 。

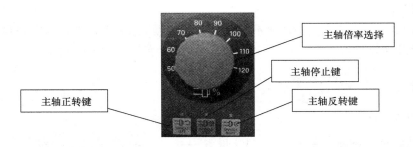

图 2—2—10　主轴操作的相关功能键及倍率操作选择

三、主轴典型故障与诊断

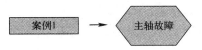

1. 故障现象描述

（1）主轴无法转动，PPU 屏幕提示"等待主轴"，且屏幕中无报警提示。

（2）屏幕有主轴转速数值，实际主轴不动，且屏幕中无报警提示。

（3）主轴转速不稳定（时快时慢）。

2. 故障诊断

（1）情况 1。若故障为主轴无法转动，PPU 屏幕提示"等待主轴"，则检查机床数据 MD30200 的设置（主轴有编码器设为 1，无编码器设为 0），然后检查 PPU 后侧主轴接口 X54：

1）接口是否松动或损坏。

2）启动主轴后用万用表测量 X54 的引脚 1 和 9，观察是否有电压输出。

3）PPU 主轴与变频器的连接电缆是否完好。

4）机床数据 MD30130/MD30240/MD30134/MD32250/MD32260/MD35150 的设置是否正确：MD30130 = 1，MD30240 = 2，MD30134 主轴输出极性（可在 0 ~ 2 之间设置，0 表示双极性，1/2 表示单极性，由实际情况确定），MD32250 = 100，MD32260 与实际电动机额定转速保持一致。

5）所使用的变频器是否有故障。

如果上述检查之后故障仍然存在，则很可能是系统主板（PPU）损坏，需要返原产地维修。

（2）情况 2。若故障为屏幕有主轴转速数值，实际主轴不动，则检查 PPU 是否处于程序测试状态。

1）MCP 上的"程序测试"按键指示灯是否点亮（不可点亮）。

2）PPU 屏幕上的"PRT"指示符是否激活（不可激活），如图 2—2—11 所示。

如故障仍存在，可根据"情况 1"中提及的检查

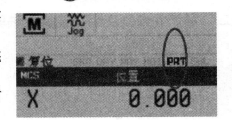

图 2—2—11　PRT 指示符

步骤顺次进行检查。

（3）情况3。若故障为主轴转速不稳定（时快时慢），则检查连接线之间是否存在干扰（强弱电连接最好分开），主轴变频器连接线是否松动/变频器是否有故障。

1. 故障现象描述

主轴无法转动，同时屏幕上方025000报警 ⟹ `025000  SP 主动编码器硬件出错 00:50`。

2. 诊断步骤

（1）检查PPU后侧主轴编码器接口X60是否松动或损坏。

（2）检查PPU主轴编码器的连接线是否损坏、接线是否出错。

（3）检查PPU中的参数MD30200、MD30240设置是否正确。

如MD30200：主轴有编码器设置为1，无编码器设为0。

MD30240 = 2

（4）检查主轴编码器是否损坏，更换一个完好的编码器后重新检测。

如果上述检查之后故障仍然存在，则很可能是系统主板（PPU）损坏，需要进行更换或维修。

任务实施

一、任务准备

实施本任务所需要的实训器件清单见表2—2—7。

表2—2—7　　　　　　　　　　　　实训器件清单

序号	设备与工具	型号与说明	数量
1	变频器	MM420　5.5 kW　AC 380 V 供电	1 台
2	主轴电动机	三相异步电动机 AC 380 V 5.5 kW，1 440 r/min	1 台
3	数控系统	808D	1 套
4	低压元器件		1 批
5	电工工具		1 套

二、解读并绘制变频器控制主轴驱动装置的电气原理图

1. 解读电气线路图

参考资料，在教师的指导下按照下列流程解读变频主轴驱动装置的电气线路图。

（1）解读主轴变频器主电路图。

（2）解读数控系统相关主轴接口的管脚定义和控制信号流程。

（3）解读主轴的变频器报警控制和频率到达控制电路。

在教师的指导下，重点查阅 808D 数控电气安装图和变频器说明书，理解各控制端子的含义和信号来源。

2. 绘制电气线路图

参考资料，在教师的指导下完成下列电气线路图的绘制。

（1）绘制变频器主电路图。

（2）绘制变频器正反转控制电路图。

（3）绘制主轴的速度控制线路图，并确定与 808D 数控系统的接口位置。

（4）绘制编码器与数控位置模块 SMC30 的电路图。

操作提示

1. 用 CAD 软件绘制电路图，调用与机床电气相关的图幅、图框并随时保存。

2. 绘制电气线路图时，元器件符号应正确规范，线路具有完善的保护功能。

3. 条件许可时，可参照实际数控机床来绘制该机床的线路图。

4. 查阅电气设计规范及行业规范。

三、变频主轴驱动装置的接线

1. 数控系统与变频器的连接

按照图 2—2—4，完成数控系统变频主轴模拟电压调速的连接。

操作提示

连接电缆应采用绞合屏蔽电缆或屏蔽电缆，电缆的屏蔽层在 CNC 侧采取单端接地，信号线应尽可能短。

2. 数控系统与变频器的正反转电路连接

按照图 2—2—4，完成数控系统与变频器的正反转连接。

3. 变频器的速度到达信号的连接

按照图 2—2—4，完成变频器的速度到达信号的连接。

4. 变频器电源和电动机的连接

按照图 2—2—4，完成变频器电源和电动机的连接。

5. 主轴编码器与数控位置控制模块 SMC30 系统的连接

按照图 2—2—8，完成主轴编码器与数控位置控制模块 SMC30 系统的连接。

操作提示

变频器的 L1、L2、L3 端子接入三相交流电（380 V），U、V、W 端子接三相异步电动机。切忌：不要把电源与电动机线接反，否则变频器会被损坏。

6. 系统线路检查

（1）通电前，按照信号控制顺序检查线路有无短路和接触不良等现象。

（2）检查电源进线的接线。

（3）检查电动机的接线。

（4）检查地线的连接，并保证保护接地电阻值小于 1 Ω。

（5）检查编码器与 808D 的接线。

7. 系统通电

（1）按照要求在指导教师监督下通电检查。

（2）线路通电后，必须检查各电源的电压是否符合要求。

8. 变频参数设置

按照表2—2—2设置变频器的相关参数。

9. 实训完毕，切断电源，整理场地

任务测评

完成任务后，学生先按照表2—2—8进行自我测评，再由指导教师评价审核。

表2—2—8　　　　　　　　　测评表

序号	项目	考核内容及要求	配分	评分标准	扣分	得分
1	解读与绘制线路图	（1）解读与绘制变频器主回路图（10分） （2）解读与绘制变频主轴控制回路图（10分） （3）图幅、图框、元器件符号调用正确性（5分）	25	（1）不能正确解读与绘制主回路图，每错一处扣2分 （2）不能正确解读与绘制变频主轴控制回路图，每错一处扣2分 （3）符号代号不正确，扣5分		
2	材料准备与装前检查	（1）检查工具（5分）、资料（5分）是否准备齐全 （2）认识与检查电气元件（10分）	20	（1）工具不齐全，每少一件扣1分 （2）资料不齐全，扣5分 （3）不认识、不会检测或漏检元件，每处扣1分		
3	数控系统与主轴变频器的连接	（1）电源和电动机连接（10分） （2）正确连接数控模拟主轴线路（15分） （3）正确连接主轴正反转控制线路（15分） （4）正确连接地线（5分）	45	（1）不能正确使用工具，每处扣1分 （2）损坏元器件，扣5分 （3）不会连接数控模拟主轴线路，扣10分 （4）不能正确连接主轴正反转控制线路，每处扣5分 （5）不能正确连接地线，扣5分		
4	安全文明生产	应符合国家安全文明生产的有关规定	10	违反安全文明生产有关规定不得分		
指导教师评价					总得分	

思考与练习

一、填空题（将正确答案填在横线上）

1. 常见的主轴控制方式有两种，一种是_____，另一种是_____。

2. 在 $n = (60f/p) \times (1-s)$ 中，s 表示_____。

3. ⏻键在变频中表示_____。

4. 按下🔄键可以改变电动机的_____。

5. MM420 变频器参数代号 P0311 表示电动机的_____。

6. MM420 变频器表示频率源的参数代号是_____。

二、选择题（将正确答案的序号填在括号里）

1. 主轴编码报警的诊断方法有（　　）。
   A. 检查 PPU 后侧主轴编码器接口 X60 是否松动或损坏
   B. 检查 PPU 主轴编码器连接线是否损坏，接线是否出错
   C. 检查 PPU 中的参数 MD30200/MD30240 设置是否正确
   D. 检查 MCP 上的"程序测试"按键指示灯是否点亮

2. 系统线路检查的方法有（　　）。
   A. 检查电源进线的接线
   B. 检查电动机的接线
   C. 检查地线的连接，并保证保护接地电阻值应小于 1 Ω
   D. 查阅电气通电规范及行业规范

3. 808D 数控系统主轴正反转输出控制接口的管脚是（　　）。
   A. X54　　　　　　B. X60　　　　　　C. X21　　　　　　D. 以上都不是

4. 808D 数控系统模拟主轴电压是（　　）。
   A. 0 ~ 5 V　　　　B. 0 ~ 10 V　　　　C. 5 ~ 10 V　　　　D. − 5 ~ 10 V

三、简答与作图

1. 简述数控车床对主轴传动的要求。
2. 绘制 808D 数控系统模拟主轴与 MM420 变频器的接线图。

任务三　进给轴线路装调与故障诊断

学习目标

1. 理解数控 X 轴和 Z 轴的控制原理。
2. 能够根据进给伺服驱动系统电气线路原理图进行正确接线。
3. 能够编写数控系统控制两轴的程序。
4. 掌握两轴的几种操作方式。

任务导入

车床有两个进给轴，分别是 X 轴和 Z 轴，机械结构相对来说比较简单，伺服电动机通过联轴器和丝杠连接在一起，组成了进给轴。它的电气控制连线回路也易于实现，通过脉冲指令线、编码器线、电动机动力线将数控系统、伺服电动机、伺服驱动器密切联系在一起，但数控系统控制则繁琐复杂得多，它由原代码、PLC 程序、加工零件程序通过集成控制 X/Z

轴的伺服驱动器，经过伺服驱动器来控制伺服电动机旋转圈数，从而达到对数控车床的两轴联动的控制，同时也带动工作台和刀架作进给运动，加工出用户所要求的各类形状的工件。所以，数控机床的操作至关重要，不能马虎，如果操作不当，就会导致机床失灵，机床不工作，就要进行维修，导致生产成本骤升。对于机床操作工来说，不仅要学会操作，还要学会如何去维护保养数控机床。

相关知识

一、进给轴电气控制概述

1. *X/Z* 轴的电气组成

在车床上，进给轴包括 *X* 轴和 *Z* 轴两个，它们的电气组成都是床体电气和柜体电气两部分，其中床体电气是由伺服电动机、限位开关、接线盒、安装支架、编码器电缆、动力电缆等组成，柜体电气是由伺服驱动器、空气开关、中间继电器、开关电源、808D 脉冲驱动接口单元 X51 和 X53、电抗器、变压器、控制键盘等组成。

2. 伺服电动机原理

伺服电动机又称为执行电动机，在自动控制系统中，用作执行元件，把所收到的电信号转换成电动机轴上的角位移或角速度输出。它分为直流和交流伺服电动机两大类，其主要特点是，当信号电压为零时无自转现象，转速随着转矩的增加而匀速下降。

3. 伺服驱动器

伺服驱动器是用来控制伺服电动机的一种控制器，其作用类似于变频器作用于普通交流马达。它分为控制系统和驱动系统两部分。

（1）控制系统一般由 DSP 组成，利用它采集电流反馈值闭合电流环，采集编码器信号算出速度闭合速度环，产生驱动驱动系统的 6 个开关管的 PWM 开关信号。

（2）驱动系统包括以下部分：

1）整流滤波电路，比如将 220 V 交流转换为 310 V 左右直流提供给 IPM。

2）智能功率模块（IPM），内部是三相两电平桥电路。每相的上下开关管中间接输出 U、V、W。通过 6 个开关管的开闭，控制 U、V、W 三相每个伺服瞬间，是与地连通还是与直流高电压连通。

3）电流采样电路，可以是霍尔电流传感器。电路的输出将与控制系统的 AD 口相连。

4）编码器的外围电路。它的输出与 DSP 的事件管理器相连。

伺服驱动器一般可以采用位置、速度和力矩三种控制方式，主要应用于高精度的定位系统，目前是传动技术的高端。

4. 数控系统控制进给轴状态结构图（见图 2—3—1）

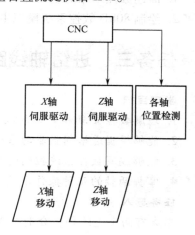

图 2—3—1　数控系统控制
进给轴状态结构图

二、进给轴电气控制原理图

1. 数控系统与各轴电缆连接图（见图2—3—2）

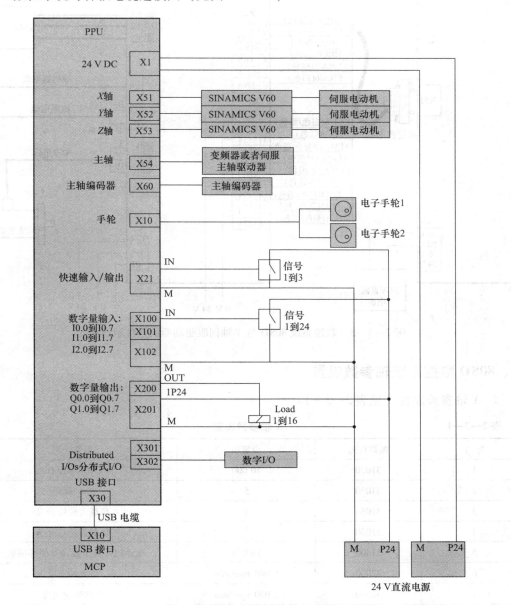

图2—3—2 数控系统与各轴电缆连接图

2. 808D 连接 SINAMICS V60

以 X 轴为例，数控系统端口 X51 与 X 轴伺服驱动器的连接如图2—3—3所示。

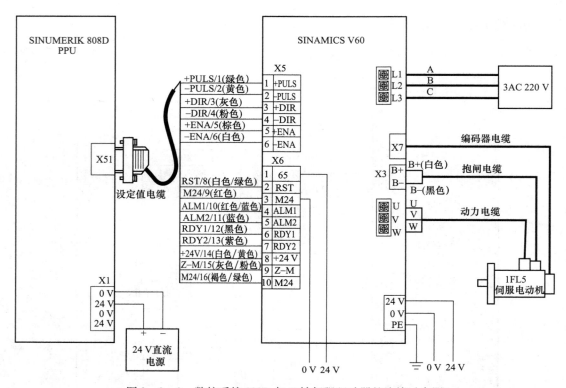

图 2—3—3　数控系统 808D 与 X 轴伺服驱动器的连接示意图

三、808D 数控系统轴参数设置

1. X 轴参数设置（见表 2—3—1）

表 2—3—1　　　　　　　　　　　　X 轴参数设置

序号	参数代号	设定值	参数说明
1	31020	10 000	ENC_ RESOL
2	31030	5	丝杠螺距
3	31050	1	负载齿轮箱分母
4	31060	1	负载齿轮箱分子
5	31400	10 000	电动机每转步数（半闭环伺服）
6	32000	8 000 mm/min	最大轴速度
7	32010	8 000 mm/min	点动快速速度
8	32020	2 000 mm/min	点动速度
9	32060	10 000 mm/min	缺省定位轴
10	32100	1	轴运动方向
11	32110	1	位置反馈极性
12	32260	2 000 mm/min	电动机额定转速

续表

序号	参数代号	设定值	参数说明
13	32450	0.01 mm	反向间隙
14	34010	0	负向回参考点
15	34020	5 000 mm/min	回参考点速度
16	34040	300 mm/min	参考点查找速度
17	34060	20 mm	到参考点标记的最大距离
18	34070	5 000 mm/min	参考点定位速度
19	34080	− 2 mm	参考点距离
20	34090	0 mm	参考点偏移/绝对偏移
21	36100	− 260 mm	负向软限位
22	36110	24 mm	正向软限位

2. Z 轴参数设置（见表 2—3—2）

表 2—3—2 Z 轴参数设置

序号	参数代号	设定值	参数说明
1	31020	10 000	ENC_ RESOL
2	31030	5	丝杠螺距
3	31050	1	负载齿轮箱分母
4	31060	1	负载齿轮箱分子
5	31400	10 000	电动机每转步数（半闭环伺服）
6	32000	8 000 mm/min	最大轴速度
7	32010	8 000 mm/min	点动快速速度
8	32020	2 000 mm/min	点动速度
9	32060	10 000 mm/min	缺省定位轴速度
10	32100	1	轴运动方向
11	32110	1	位置反馈极性
12	32260	2 000 mm/min	电动机额定转速
13	32450	0 mm	反向间隙
14	34010	0	负向回参考点
15	34020	5 000 mm/min	回参考点速度
16	34040	300 mm/min	参考点查找速度
17	34060	20 mm	到参考点标记的最大距离
18	34070	5 000 mm/min	参考点定位速度
19	34080	− 2 mm	参考点距离
20	34090	0 mm	参考点偏移/绝对偏移
21	36100	− 290 mm	负向软限位
22	36110	37 mm	正向软限位

操作提示

表 2—3—1 和表 2—3—2 中的有些参数根据不同机床的螺距、加工精度、回参考点方

向、软限位、反向间隙等数据而异，不能完全照搬。

四、机床控制两轴 PLC 程序的编写

1. 控制 X 轴程序的编写

（1）X 轴的 I/O 分配表，见表 2—3—3。

表 2—3—3 　　　　　　　　　　　　　X 轴的 I/O 分配表

序号	输入地址	注释	备注
1	I0.0	急停按钮	常闭信号
2	I0.1	X 轴正限位	常闭信号
3	I0.2	X 轴负限位	常闭信号
4	I0.7	X 轴参考点	常开信号

（2）X 轴控制程序的编写。打开编程软件"808D_ TOOLBOX_ 04"，建立一个新文件，然后调用子程序 40。子程序 40 的目的是控制驱动器脉冲使能（DB380×DBX4001.7）、控制器使能（DB3800×DBX2.1），监控硬限位和参考点碰块信号，并根据主轴命令（如 SPIN-DLE CW、SPINDLE CCW、M03、M04、SPOS 等）控制主轴的使能信号。电动机抱闸由 SI-NAMICS V60 驱动自动控制。

该子程序提供两种控制硬限位的控制方式，这里只讲 PLC 控制方案。每一个进给轴可以配置一个硬限位开关（MD14512［18］位 7＝1）或两个硬限位开关（MD14512［18］位 7＝0）。该子程序根据硬限位开关的配置情况，通过 NCK 接口 DB380×DBX1000.0 或 DB3800×DBX1000.1 激活 NCK 的硬限位功能，使 NCK 对超程坐标轴产生进给停止信号。另外还可通过该子程序的输出 OVlmt 与子程序 33 的输入 HWL_ ON 的连接，在达到任意的硬限位时自动激活急停。

子程序模块如图 2—3—4 所示。

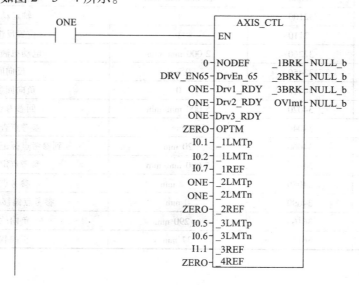

图 2—3—4　子程序模块

（3）硬限位开关信号说明（见表 2—3—4）。在上述硬件方案中，达到任意硬限位或者急停出现时，都可以由硬限位开关激活对所有轴的进给停止信号（例如，通过继电器断开 SINAMICS V60 的端子 65）。利用表 2—3—3 中的硬限位开关编码可以检查 PLC 诊断时的信息，并判断急停信号是由急停按钮产生的，还是由某个轴的硬限位开关造成的。

表 2—3—4　　　　　　　　　　硬限位开关信号说明

E_ Key	_ 1LMTp	_ 2LMTp	_ 3LMTp	方向	结果
0	1	1	1	—	急停生效
0	0	1	1	DB3900. DBX4. 7	第 1 正超限
0	0	1	1	DB3900. DBX4. 6	第 1 负超限
0	0	0	0	DB3902. DBX4. 7	第 3 正超限
0	0	0	0	DB3902. DBX4. 6	第 3 负超限

（4）子程序 40_ AXIS_ CTL 控制说明，见表 2—3—5。

表 2—3—5　　　　　　　　子程序 40_ AXIS_ CTL 控制说明

名称	类型	说明
_ 1LMTn	BOOL	第 1 轴硬限位开关负（NC）
_ 1REF	BOOL	第 1 轴参考点挡块（NO）
_ 2LMTp	BOOL	第 2 轴硬限位开关正（NC）
_ 2LMTn	BOOL	第 2 轴硬限位开关负（NC）
_ 2REF	BOOL	第 2 轴参考点挡块（NO）
_ 3LMTp	BOOL	第 3 轴硬限位开关正（NC）
_ 3LMTn	BOOL	第 3 轴硬限位开关负（NC）
_ 3REF	BOOL	第 3 轴参考点挡块（NO）

操作提示

SINUMERIK 808D 已处理来自 SINAMICS V60 的驱动器准备及报警信号，所以 PLC 不需要处理。

如果只有一个硬限位开关，或使用超程限位时，使用硬限位正作为输入。

2. 控制 Z 轴程序的编写

（1）Z 轴的 I/O 分配表，见表 2—3—6。

表 2—3—6　　　　　　　　Z 轴的 I/O 分配表

序号	输入地址	注释	备注
1	I0. 5	Z 轴正限位	常闭信号
2	I0. 6	Z 轴负限位	常闭信号
3	I1. 1	Z 轴参考点	常开信号

（2）Z 轴控制程序的编写。同 X 轴，不再说明。

操作提示

使用硬件方案时，必须提前考虑以下几点：

配置轴时必须是一个接一个，如 X 轴、Z 轴、主轴。但不能配置成 X 轴、主轴、Z 轴。

子程序中未使用轴的硬限位的输入信号应赋予"1"值，即 SM0.0，否则无定义轴的硬限位会激活。

3. 调用子程序 41（见图 2—3—5）

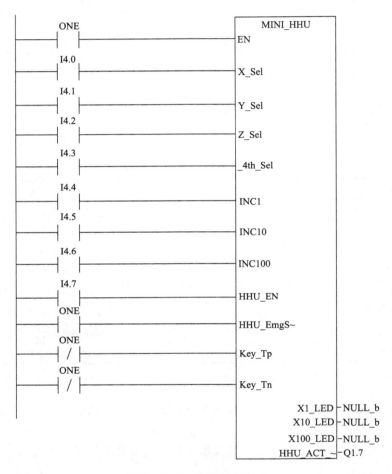

图 2—3—5　调用子程序 41

4. 调用子程序 43_ MEAS_ JOG（JOG 方式下的测量）

子程序 43 处理测量头信息并且实现"手动方式下测量"的功能。利用该子程序可以对测量头进行校准以及对刀具进行测量。

使用该子程序的前提条件是在主程序中调用子程序 MCP_ NCK（SBR38）。如果在"手动方式下测量"的功能生效时改变操作方式，那么手动方式测量功能将自动关闭。

（1）局部变量定义，见表 2—3—7。

表 2—3—7   局部变量定义

名称	类型	说明
Meas_ Enable	BOOL	激活"JOG 方式下测量"功能
DB1400. DBD64	DWORD	有效的刀号 DB1400. DBD64

（2）赋值变量定义，见表 2—3—8。

表 2—3—8   赋值变量定义

名称	类型	说明
MEAS_ OPAUT	M240. 0	自动方式下测量
CHL_ HMI	M240. 2	来自 HMI 信号；测量过程中方式变化
NO_ KEY	M240. 3	坐标轴无点动键
FDI_ MEASJOG	M240. 5	进给禁止 Meas_ JOG
ON_ MEASJOG	M240. 6	启动 Meas_ JOG
PROBE_ ON	M240. 7	释放的测量头信号
JOG_ MEASJOG	M241. 0	操作方式手动输出到 Meas_ JOG
AUI_ MEASJOG	M241. 1	操作方式手动输出到 Meas_ JOG
CHL_ MEASJOG	M241. 2	操作方式手动输出到 Meas_ JOG
KEY_ MEASJOG	M241. 3	点动键 Meas_ JOG
RES_ MEASJOG	M241. 4	复位 Meas_ JOG
ESC_ MEASJOG	M241. 5	中断 Meas_ JOG
DRY_ MEASJOG	M241. 6	空运行 Meas_ JOG
SBL_ MEASJOG	M241. 7	单段 Meas_ JOG

（3）调用子程序 PLC 的梯形图。如图 2—3—6 所示为 PLC 控制 JOG 模式的梯形图。

图 2—3—6 PLC 控制 JOG 模式的梯形图

五、两轴的操作方式

1. PPU 键盘功能

808D 数控系统（以下简称为 PPU）键盘用于向 CNC 输入数据以及导航至系统的操作区域，如图 2—3—7 所示。

2. MCP 模式切换

808D 机床控制面板（以下简称为 MCP）用于选择机床的操作模式：手动—MDA—自

动，如图 2—3—8 所示。

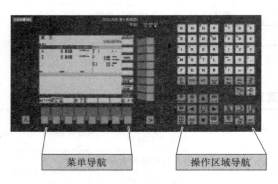

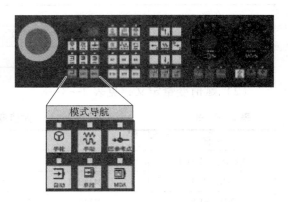

模式导航

图 2—3—7　PPU 键盘　　　　　　　　图 2—3—8　MCP 模式切换

3. MCP 轴移动和 MCP 用户自定义键

（1）MCP 用于控制轴的手动操作，通过如图 2—3—9 所示按键来移动机床。

（2）MCP 用于控制 OEM 机床功能，通过如图 2—3—10 所示按键可以激活这些功能。

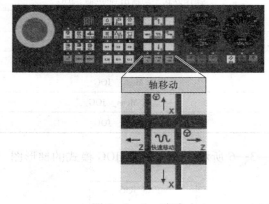

轴移动

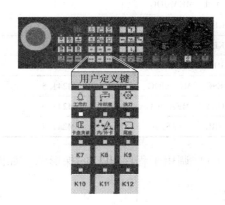

用户定义键

图 2—3—9　移动　　　　　　　　图 2—3—10　自定义激活

4. 机床坐标系统

Sinumerik 808D 使用 DIN66217 标准坐标系统。该系统符合国际标准，从而确保了机床与坐标程序之间的兼容性。该坐标系的主要功能是确保每个进给轴中计算刀具长度和刀具半径的正确性，如图 2—3—11 所示。

机床零点（M）由机床制造商设定，并且无法改变。

工件零点（W）是工件坐标系下的原点。

参考点（R）用于测量系统同步。

刀架参考点（F）用于决定刀具偏置。

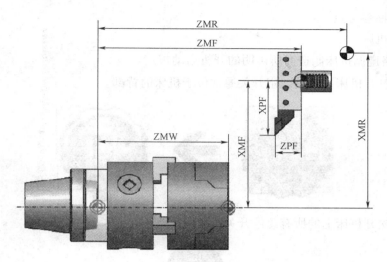

图 2—3—11 机床坐标系统示意图

5. 口令

控制器的口令功能是以设置使用者对系统的访问权限。一些任务，如"基本操作""高级操作"以及调试功能等，均取决于所设置的口令。

未设置口令：机床操作工。

用户口令：高级操作工。

制造商口令：机床厂工程师。

用户口令 = CUSTOMER。

制造商口令 = SUNRISE。

更改口令分以下两步进行：

⚠ 一般情况下，机床操作工无须进行更改口令的操作。

（1）第一步，使用如图 2—3—12 所示组合按键，进入服务模式，可以在服务模式下激活或取消激活口令。

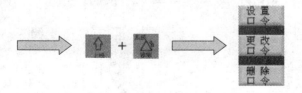

图 2—3—12 更改口令

（2）第二步，操作方法如下：

 ⟹ 输入用户或制造商口令

⟹ 更改用户或制造商口令

⟹ 取消激活用户或制造商口令

6. 上电与回参考点

（1）启动机床。

⚠ 请严格遵循机床制造商所声明的开机启动规定。

第一步，打开机床主开关。主开关通常位于机床的背部。

第二步，松开机床上的所有急停开关。

（2）机床回参考点。

⚠ 上电后，机床必须先回参考点。以 X 轴为例来进行操作，通过 JOG 模式或手轮模式将 X 轴移动到安全区域内，然后选择 ⟨REF POINT⟩，再按 ▮ 键，X 轴就往正方向自动找参考点，找到后自动停止。状态由 ⟨X 0.000 / Z 0.000⟩ 变为 ⟨X 0.000 / Z 0.000⟩ 表示回参考点成功，如图 2—3—13 所示。

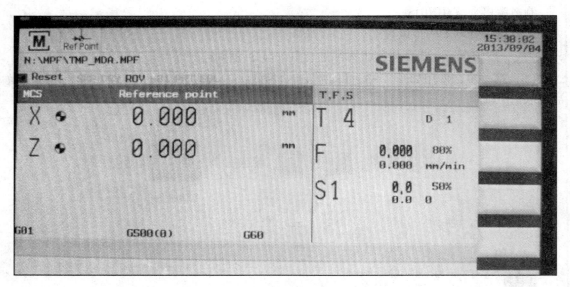

图 2—3—13　回参考点成功示意图

（3）机床 JOG 模式的操作，以 X 轴为例进行说明。X 轴的 JOG 操作：先按 ⟨JOG⟩ 键，然

后一直按住 键，这时 *X* 轴就朝着正方向运行，直到碰到正限位开关停止运行；如果碰到正限位开关时按复位键 ，系统复位后，再按 ↓_x，*X* 轴就朝着负方向运行，当运行到 *X* 轴负限位开关处停止；系统出现报警时再按复位键 ，系统就复位，然后将 *X* 轴移动到安全区，让 *X* 轴反复在安全区域内操作，看看 *X* 轴丝杠安装是否牢固可靠。如果需要快进快退操作请按住快速进给倍率键 + ，就可以进行快速操作了。

（4）机床手轮操作模式，以 *Z* 轴为例进行说明。*Z* 轴的手轮操作：先点击手轮键 ，然后按一下轴键 ，然后选择手轮倍率值键 ，总共有三个倍率值键"1""10""100"，再顺时针或逆时针方向摇动手轮 ，*Z* 轴就朝着正向或负向运行；同理必须在有效行程内运行，看看 *Z* 轴丝杠安装是否牢固可靠，如果有振动、发颤或有异声，应重新安装或紧固联轴器或电动机法兰盘处。

六、机床切削时的对刀操作

如图 2—3—14 所示为机床切削加工流程图。

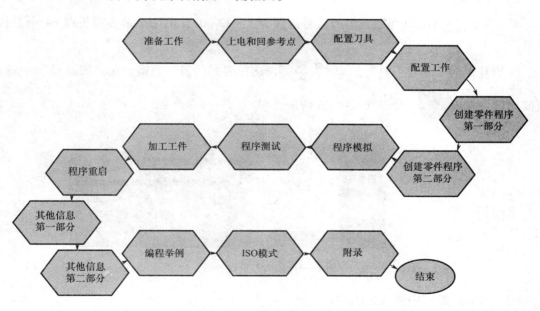

图 2—3—14　机床切削加工流程图

注：实际操作前应具备基本的车床知识。

1. 创建刀具

⚠ 在程序执行之前必须先创建刀具，并对刀具进行测量操作。

第一步，确认系统 PPU 处于"手动"模式下。

按 PPU 上的"偏置"键 ，按 PPU 上的"刀具列表"软键 ，如图 2—3—15 所示。

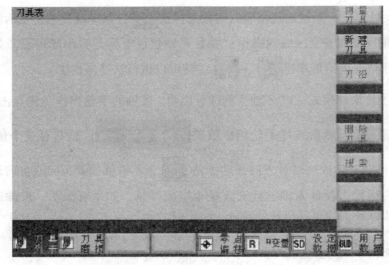

图 2—3—15　刀具列表图

第二步， ⚠ 本系统可创建的刀具号范围为 1 ~ 32 000，机床上最多可带载 64 个刀具/刀沿。

按 PPU 上的"新建刀具"软键 ，选择需要的刀具类型，在"刀具号"中输入数值"1"，按键 ，如图 2—3—16 所示。

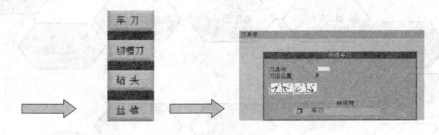

图 2—3—16　刀具设置图

在"刀沿位置"中输入数值"3"。

⚠ "刀沿位置"选择的正确性直接决定刀具补偿的正确性。

按 PPU 上的"确认"软键 ，根据不同的需要选择输入"半径"或"刀尖宽度"

，按 PPU 上的"输入"键 。

2. 刀沿位置码的选择

⚠ 正确选择刀沿位置码的原则是：根据实际刀尖所指方向选择相应的刀沿位置码。

观察实际刀具的刀尖指向与 X 轴及 Z 轴正方向的关系。

对于"车刀"和"切槽刀"，808D 提供如右图所示的 4 种刀尖位置选择（1～4 号位置）。

对于"钻头"和"丝锥"，808D 仅默认提供如右图所示的 1 种刀尖位置选择（7 号位置）。

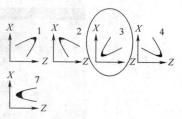

示例：对刀后的两种图，前置刀架（见图 2—3—17）和后置刀架（见图 2—3—18）。

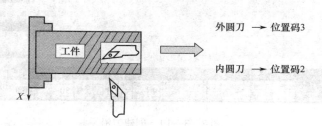

图 2—3—17　前置刀架图

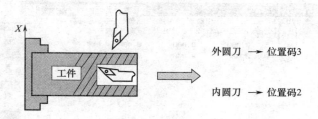

图 2—3—18　后置刀架图

操作提示

此处刀尖所指方向是在正确的对刀结束后所获得的方向，而不仅仅取决于装刀时的方向，而选择刀沿位置码的正确性，直接影响到刀尖半径补偿的正确性。

3. 创建刀沿

⚠ 创建刀沿之前必须先建立并选择刀具！

第一步，使用"D"代码表征刀沿，初始状态下系统默认激活 1 号刀沿。

按 PPU 上的"偏置"键 ▦，按 PPU 上的"刀具列表"软键 █，使用方向键 ▼ 或 ▲ 选中需要增加刀沿的刀具，如图 2—3—19 所示。

按 PPU 上的"刀沿"软键 ▥，按 PPU 上的"新刀沿"软键 ▦。

第二步，在所选刀具下增加一个新刀沿，可根据需要填入不同的长度及半径数值。图

2—3—20 中右上圈显示当前激活的刀具及刀沿，左下圈显示刀具下建立的几个刀沿以及每个刀沿中的相关存储数值。

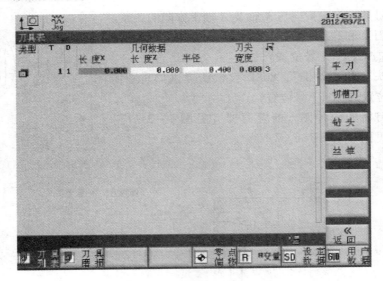

图 2—3—19　创建刀沿

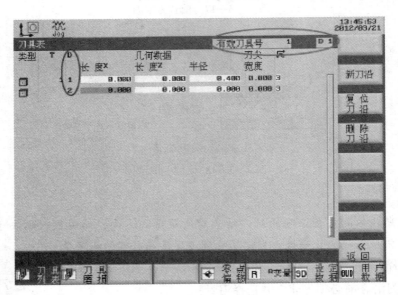

图 2—3—20　激活

⚠️ 每把刀具最多可建立 9 个刀沿！可根据需要在不同的刀沿中存入不同的刀具长度及半径数据，请根据需要选择正确的刀沿进行加工操作！

4. 装载刀具至激活位置

⚠️ 刀具被装载到位之前，必须要先被创建在系统中，如图 2—3—21 和图 2—3—22 所示。

按 PPU 上的"加工操作"键  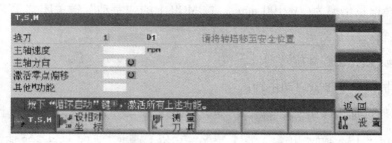，按 MCP 上的"手动"键  ，按 PPU 上的"T. S. M"

软键  ，将"T"中的刀具号数值设为"1"，按"输入"键 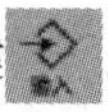 。

图 2—3—21 创建 1

按 MCP 上的"循环启动"键  。

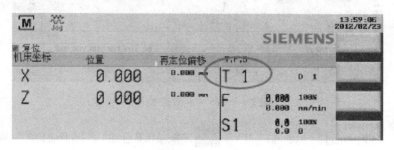

图 2—3—22 创建 2

按 PPU 上的"返回"软键  。

5. 手轮移动机床

⚠ 确保移动刀具时没有障碍物，以防撞刀。

手轮可以代替"手动"键执行控制进给轴移动的功能。

按 PPU 上的"加工操作"键  ，按 MCP 上的"手轮"键  ，通过 MCP 上控制轴
移动的按键来选择需要移动的坐标轴，如图 2—3—23 所示。

在机床"工件坐标"或"机床坐标"下，所选中轴的标识下端将显示手轮标志，标识
该轴已被手轮操作选中，如图 2—3—24 所示。

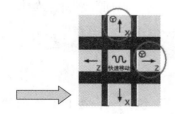

图 2—3—23 控制轴

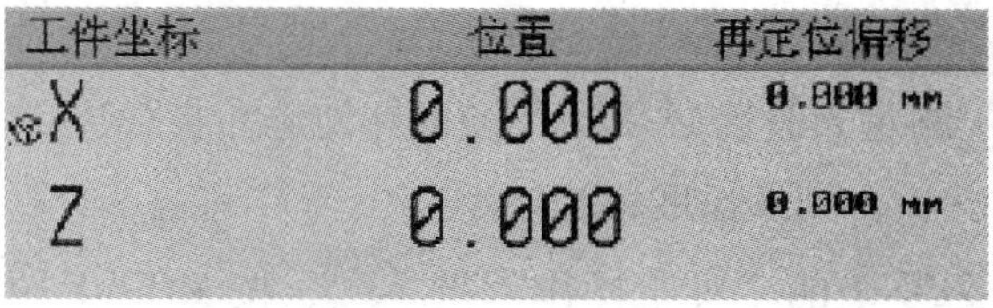

工件坐标	位置	再定位偏移
X	0.000	0.000 MM
Z	0.000	0.000 MM

图 2—3—24 被手轮选中的轴

操作步骤：按键增量 →┃ | ┃→┃ | →┃ 选择所需要的倍率（该选择适用于全部进给轴）。按键 →┃ 表示选择增量倍率为"0.001 mm"，按键 →┃ 表示选择增量倍率为"0.010 mm"，按键 →┃ 表示选择增量倍率为"0.100 mm"。按 MCP 上的"手动"键关闭"手轮" 🌀。

6. 启动主轴

⚠ 刀具必须先装载并旋转到位。

对刀前可根据以下步骤启动主轴：

按 PPU 上的"加工操作"键 Ⓜ，按 MCP 上的"手动"键 🌀，按 PPU 上的"T. S. M"键 T.S.M，在"主轴速度"中输入数值"500"后按 ▼ 键，如图 2—3—25 所示。

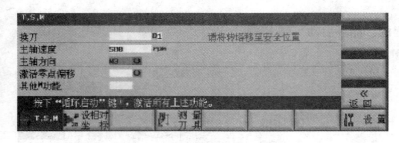

图 2—3—25　主轴速度设定

使用 PPU 上的"选择"键选"M3" ⓧ，按 MCP 上的"循环启动"键 ⟡，如图 2—3—26 所示。

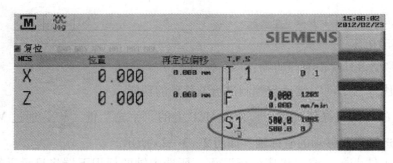

图 2—3—26　启动主轴操作

按 MCP 上的"复位"键来停止主轴旋转 ↺，按 PPU 上的"返回"软键 《返回。

7. 测量刀具

⚠ 测量刀具前必须要先将刀具创建并装载！

第一步，测量长度：X。

按 PPU 上的"加工操作"键 Ⓜ，按 MCP 上的"手动"键 🌀，按 PPU 上的"测量刀具"软键 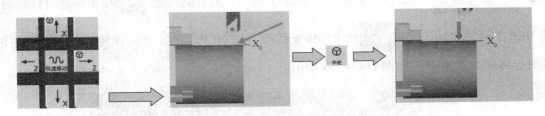，按 PPU 上的"测量 X"软键 ，使用 MCP 上的轴移动键将进给轴移动至需要的调整位置，如图 2—3—27 所示。

图 2—3—27　调整 1

附注：下文中对于工件坐标系统下需设定的"X/Z"零点分别描述为"X_0"／"Z_0"。

使用 MCP 上的"手轮"键，选择合适的增量倍率将刀具移动至工件的 X_0。

第二步，测量长度：Z。

按 PPU 上的"测量 Z"软键 ，使用 MCP 上的轴移动键将进给轴移动至需要的调整位置，如图 2—3—28 所示。

图 2—3—28　调整 2

使用 MCP 上的"手轮"键，选择合适的增量倍率将刀具移动至工件的 Z_0。

在"Z_0"中输入数值"0"（这个值表示刀尖与零点间的距离），如图 2—3—29 所示。

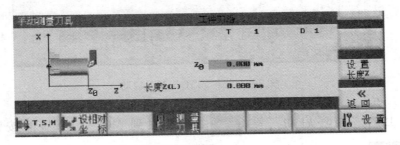

图 2—3—29　手动测量刀具

按 PPU 上的"设置长度 Z"软键 ，按 PPU 上的"返回"软键 。

8. 主轴手动

⚠ 必须要先装载刀具，并将其旋转到位！

按 PPU 上的"加工操作"键 ![M加工操作], 按 MCP 上的"手动"键 ![手动], 使用 MCP 上主轴方向键 ![逆时针转 主轴停 顺时针转] 启动/停止主轴, 按 MCP 上的"逆时针转"键 ![逆时针转] 使主轴逆时针转动, 按 MCP 上的"主轴停"键 ![主轴停] 使主轴停止转动, 按 MCP 上的"顺时针转"键 ![顺时针转] 使主轴顺时针转动, 主轴状态如图 2—3—30 所示。

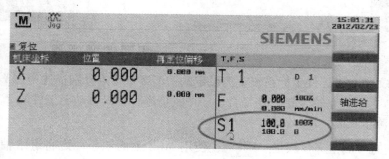

图 2—3—30　主轴状态

9. 执行 M 功能

⚠ 执行 M 功能前, 要先确保所有的机床进给轴处于安全位置!

按 PPU 上的"加工操作"键 ![M加工操作], 按 PPU 上的"T.S.M"软键 ![T.S.M], 使用方向键将高亮光标移动至"其他 M 功能"位置, 输入数值"8", 这样就可以启动冷却液功能, 如图 2—3—31 所示。

图 2—3—31　"T.S.M"启动

按 MCP 上的"循环启动"键 ![循环启动], 可观察到 MCP 上冷却液按键功能生效

 ⟹ , 按 MCP 上"复位"键 ![复位 进给保持 循环启动] 停止冷却液功能, 按 PPU 上的

"返回"软键 ![返回]。

10. 对刀结果验证

⚠ 必须先正确完成前文提过的配置刀具及配置工件之后, 才能使用下列方法进行

验证!

为保证加工安全及准确性，应对对刀结果进行适当的验证。

按 PPU 上的"加工操作"键 ，按 MCP 上的"MDA"键 ，按 PPU 上的"删除文件"软键 ，输入如图 2—3—32 所示的验证程序（也可自定义验证程序），按 MCP 上的

G500；按需要选择偏置平面 T1 D1
G00 X0 Z5

图 2—3—32 验证程序

"ROV"键确保"ROV"功能激活（指示灯点亮 即表示该功能激活）。

⚠ 确保 MCP 上的进给倍率数值为 0%！

按 MCP 上的"循环启动"键 ，缓慢调节进给倍率使其逐渐增大，避免进给轴移动过快而发生意外，观察进给轴是否移动至所设定位置。

七、常见故障与诊断

1. 进给轴故障

故障现象描述：系统已完成回参考点状态。

（1）屏幕上有进给轴移动数值显示，但实际机械不动。

（2）机床实际移动方向与操作方向相反/机床实际移动方向与屏幕显示方向相反。

诊断步骤：

情况 1　若情况为：屏幕上有进给轴移动数值显示，但实际机械不动。

（1）检查 PPU 上是否处于程序测试状态。

1）MCP 上的"程序测试"按键指示灯是否点亮（不可点亮）。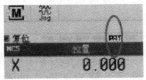

2）PPU 屏幕上"PRT"指示符是否激活（不可激活）。

（2）检查机械上的联轴器是否松动。

（3）检查轴信号与驱动器的连接是否良好，V60 驱动器上的端子是否插紧/损坏。若使用第三方驱动器，还要检查驱动器上是否存在报警。

如果上述检查之后故障仍然存在，则很可能是系统主板（PPU）损坏，需要进行更换或维修。

情况 2　若情况为：机床实际移动方向与操作方向相反/机床实际移动方向与屏幕显示方向相反。

（1）检查 V60 驱动器上的方向键连接线是否正确。

端子 + DIR/ − DIR 的连线与实际相比是否接反。

（2）检查机床数据 MD32100/MD32110 设置是否正确。

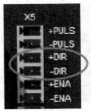

MD32100：轴反向键（默认值 =1，根据需要可调整为 – 1）。

MD32110：编码器位置反馈极性键（默认值 =1，根据需要可调整为 – 1）。

2. 运动方向不变

故障现象描述："手动"模式下按轴 +（或轴 – ）键，机床只能朝一个方向运动，不能换向。

诊断步骤：检查驱动器是否受损。如果使用第三方驱动器，要核实系统与驱动器之间的兼容性。

3. 定位误差大

故障现象描述：机床坐标位置运动不准确。

诊断步骤：

（1）检查机床参数 MD31030/MD31050/MD31060/MD31020/MD31400 的设置是否和实际机械参数匹配。

1）MD31030→丝杠螺距值存储。

2）MD31050/MD31060→轴减速比。

3）MD31020 = MD31400→编码器线数（使用 V60 驱动器时设为 10000）。

（2）核查驱动器上编码器是否有倍频。

（3）检查驱动器参数：不要设定驱动器中的减速比参数。

（4）检查机床刀架安装是否稳定。

（5）检查机械上的联轴器是否松动/传动带是否打滑。

（6）检查机床的反向间隙和丝杠螺距补偿是否需要调整。

4. 启动过程死机

故障现象描述：开机时，系统加载过程中出现死机（常见为加载至 40% 时死机）。

诊断步骤：

断电重启，观察故障是否解决。断电检查 CF 卡是否插紧或接触不良，然后重新上电观察故障是否排除。

断电，在上电开机的过程中按 PPU 上的"选择"键进入菜单选择"缺省值启动"。

操作提示

此步骤会丢失所有机床数据，请确保操作前已有相关备份！

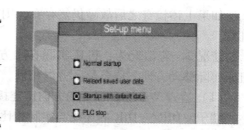

如果上述检查之后故障仍然存在，则很可能是系统主板（PPU）损坏，需要进行更换或维修。

5. 过载

故障现象描述：负载过大导致机床无法移动或移动困难（驱动器可能会出现过载报警）。

诊断步骤：

（1）检查导轨润滑措施是否合理到位。

1）油管/油嘴是否畅通。

2）润滑间隔时间设置是否合理（间隔不可过长）。

（2）停机后检查导轨/丝杠等位置是否被加工中产生的废料堵塞，进行适当的清理。

（3）检查联轴器连接。

1）连接是否过紧。

2）连接是否同心。

任务实施

一、实训材料准备

主要材料清单见表 2—3—9。

表 2—3—9　　　　　　　　　　主要材料清单

图片	器件名称	型号、规格	数量
	驱动模块	SINAMICS V60	2 台
	电动机	1FL5 系列	2 台
	简明操作说明书		1 本
	电缆夹		若干
	动力电缆	10 m	2 根
	编码器电缆	10 m	2 根
	电动机技术规格		1 本
	变压器		1 个
	限位开关		2 只
	空气开关		1 个
	辅助材料	导线、冷压端头等	若干

二、实训线路连接

1. 主电源连接 L1、L2、L3（见表 2—3—10）

表 2—3—10 　　　　　　　　　　　　主电源连接 L1、L2、L3

接口		信号名称	说明
INPUT 3 AC 220 V	L1 L2 L3	L1	电源相位　L1
		L2	电源相位　L2
		L3	电源相位　L3
		最大导线截面积：2.5 mm²	

2. 电动机输出接口 U、V、W（见表 2—3—11）

表 2—3—11 　　　　　　　　　　电动机输出接口 U、V、W

接口		信号名称	说明	接线示意图
OUTPUT TO MOTOR	U V W	U	电动机相位 U	驱动端（端子条板）黄绿　电动机端（管套式连接器） U 1　黑　1 PE V 2　黑　2 U W 3　黑　3 V 　　　4 W
		V	电动机相位 V	
		W	电动机相位 W	
		最大导线截面积：2.5 mm²		

3. 直流 24 V 电源连接（见表 2—3—12）

表 2—3—12 　　　　　　　　　　　直流 24 V 电源连接

接口	信号名称	说明	备注
24 V 0 V PE −X4	24 V	DC 24 V	24 V 直流电压（20.4~28.8 V）： ● 最大 0.8 A（不带抱闸电器） ● 最大 1.4 A（带抱闸电器）
	0 V	0 V	
	PE	接地保护	
	最大导线截面积：1.5 mm²		

4. 编码器 X7 接口（见表 2—3—13）

表 2—3—13 　　　　　　　　　　　　编码器 X7 接口

接口	引脚	信号名称	说明
14 — 1 25 — 13 X7	24	A +	TTL 编码器 A 相信号
	12	A −	
	23	B +	TTL 编码器 B 相信号
	11	B −	
	22	Z +	TTL 编码器 Z 相信号
	10	Z −	
	21	U +	TTL 编码器 U 相信号
	9	U −	

续表

接口	引脚	信号名称	说明
	20	V+	TTL 编码器 V 相信号
	8	V−	
	19	W+	TTL 编码器 W 相信号
	7	W−	
	13	NC	未连接（备用）
	25	NC	
	5/6/17/18	EP5	编码器电源 +5 V
	1/2/3/4	EM	编码器电源 GND

5. 信号时序逻辑

（1）上电时序，如图 2—3—32 所示。

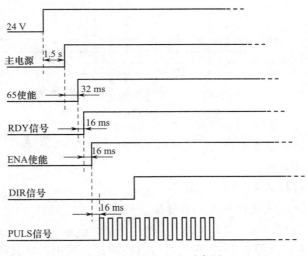

图 2—3—32　上电时序图

（2）下电时序，如图 2—3—33 所示。

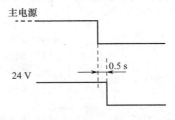

图 2—3—33　下电时序图

（3）V60 伺服系统总接线图，如图 2—3—34 所示。

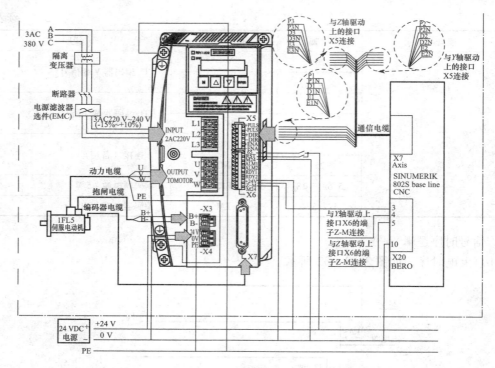

图 2—3—34　伺服系统总接线图

操作提示

1. 接线必须在断电的情况下进行。
2. 强电与弱电分开布线。
3. 布线时必须严格按照电气原理图进行。
4. 器件安装时，应逐级进行安装，切勿乱堆乱放。

任务测评

完成任务后，学生先按照表 2—3—14 进行自我测评，再由指导教师评价审核。

表 2—3—14　　　　　　　　　　　　　测评表

序号	项目	考核内容及要求	配分	评分标准	扣分	得分
1	解读并绘制线路图	（1）解读并绘制 X 轴电源回路图（10 分） （2）解读并与绘制 Z 轴控制回路图（10 分） （3）图幅、图框、元器件符号调用正确（5 分）	25	（1）不能正确解读和绘制 X 轴电源回路图，每错一处扣 2 分 （2）不能正确解读与绘制 Z 轴控制回路图，每错一处扣 2 分 （3）符号代号不正确，扣 5 分		
2	材料准备与装前检查	（1）检查工具（5 分）、资料（5 分）是否准备齐全 （2）认识与检查电气元件（10 分）	20	（1）工具不齐全，每少一件扣 1 分 （2）资料不齐全，扣 5 分 （3）不认识、不会检测或漏检元件，每处扣 1 分		

续表

序号	项目	考核内容及要求	配分	评分标准	扣分	得分
3	数控系统与进给轴的连接	（1）正确连接电源和电动机（10分） （2）正确连接数控编码器连线（15分） （3）正确连接限位开关线路（15分） （4）正确连接地线（5分）	45	（1）不能正确使用工具，每处扣1分 （2）损坏元器件，扣5分 （3）不会连接数控编码器线，扣10分 （4）不能正确连接限位开关线，每处扣5分 （5）不能正确连接地线，扣5分		
4	安全文明生产	应符合国家安全文明生产的有关规定	10	违反安全文明生产有关规定不得分		
指导教师评价					总得分	

思考与练习

一、填空题（将正确答案填在横线上）

1. 伺服电动机又称_____，分为_____和_____伺服电动机两大类。
2. 参数代号_____表示丝杠螺距。
3. 进给轴在 808D 数控系统中的参数代号 32260 表示_____。
4. 输入信号为 I0.2 表示_____的常闭信号。
5. SINUMERIK 808D 使用_____标准坐标系统。

二、选择题（将正确答案的序号填在括号里）

1. 进给轴的常见故障有（　　　）。
   A. 屏幕上有进给轴移动数值显示，但实际机械不动
   B. 机床实际移动方向与操作方向相反
   C. 机床实际移动方向与屏幕显示方向相反
2. 创建刀沿分（　　　）。
   A. 3 步　　　　　　B. 2 步　　　　　　C. 4 步　　　　　　D. 1 步
3. 进给轴伺服驱动器主要由（　　　）组成。
   A. 整流滤波电路　　　　　　B. 智能功率模块
   C. 电流采样电路　　　　　　D. 编码器的外围电路

三、简答与作图

1. V60 伺服驱动器在调试时应注意哪些事项？
2. 编写 PLC 控制两轴的梯形图。

任务四　辅助装置线路装调与故障诊断

学习目标

1. 掌握辅助装置的控制原理。
2. 掌握常见辅助装置的故障及解决办法。
3. 理解辅助装置在数控车床中的作用与意义。
4. 掌握 PLC 控制辅助装置的维修方法。

任务导入

数控机床的辅助装置是保证充分发挥数控机床功能所必需的配套装置。常用的辅助装置包括润滑泵、冷却泵、自动换刀装置、液压与气动系统、照明系统、排屑装置等。

相关知识

一、自动换刀装置

1. 自动换刀装置概述

自动换刀装置是数控机床的重要执行机构，可使工件一次装夹后即可完成多道工序或全部工序加工，从而避免了多次定位带来的误差，减少因多次安装造成的非故障停机时间，提高了生产效率和机床利用率。因此，自动换刀装置应当具备换刀时间短、刀具重复定位精度高、足够的刀具储备量、换刀空间小、动作可靠、使用稳定、刀具识别准确等特性。

2. 自动换刀装置的类型、特点

自动换刀装置的形式多种多样，主要取决于机床的类型、工艺范围、使用刀具的种类和数量。目前常用的自动换刀装置的类型、特点、适用范围见表 2—4—1。

表 2—4—1　　　　　　　　自动换刀装置的类型、特点、适用范围

类型		特点	适用范围
转塔式	回转刀架	多为顺序换刀，换刀时间短、结构紧凑、容纳刀具较少	各种数控车床、数控车削加工中心
	转塔头	顺序换刀，换刀时间短、结构紧凑，刀具主轴都集中在转塔头上，刚度差，刀具主轴数受限制	数控钻、镗、铣床

3. 数控车床的电动刀架控制系统

数控机床使用的回转刀架是最简单的自动换刀装置，有四工位刀架、六工位刀架等，即在其上装有四把、六把或更多的刀具，通过 PLC 对控制刀架的所有 I/O 信号进行逻辑处理及计算，实现刀架的顺序控制。另外为了保证换刀能够正确进行，系统一般还要设置一些相应的系统参数来对换刀过程进行调整。如图 2—4—1 所示为常见数控车床回转刀架，它适用于轴类、盘类零件的加工。下面以四工位回转电动刀架为例介绍其工作原理。

a)

b)

图 2—4—1　常见数控车床回转刀架

a）四工位回转电动刀架　b）卧式数控回转电动刀架

4. 四工位回转电动刀架工作原理

目前经济型数控车床采用四工位回转电动刀架。它具有良好的强度和刚度，以承受粗加工的切削力，同时还要保证回转刀架在每次转位的重复定位精度。该电动刀架采用蜗杆传动，上下齿盘啮合，螺杆夹紧的工作原理，其工作过程包括刀架抬起、刀架转位、刀架定位和刀架压紧四个过程。

（1）刀架抬起。当数控系统发出换刀指令后，通过接口电路使刀架电动机正转，经传动装置驱动蜗轮蜗杆机构，蜗轮带动丝杆螺母机构逆时针旋转，此时由于齿盘处于啮合状态，在丝杆螺母机构转动时，上刀架体产生向上的轴向力，将齿盘松开并抬起，直至两定位齿盘脱离啮合状态，从而带动上刀架和齿盘产生"上抬"的动作。

（2）刀架转位。当刀架抬到一定距离后，上下齿盘完全脱开。这时与蜗轮丝杆连接的转位套随蜗轮丝杆一起转动。齿盘完全脱开时，球头销在弹簧作用下进入转位套的凹槽中，带动刀架体转位，刀架体转位的同时带动磁缸也转动，并与信号盘（霍尔开关电路板）配合进行刀号的检测。

（3）刀架定位。当系统程序的刀号与实际刀架检测的刀号一致时，系统输出电动机反转信号，此时电动刀架进行反转。这时球头销从转位套的凹槽中被挤出，定位销在弹簧作用下进入粗定位盘的凹槽中进行粗定位。这时上刀架停止转动，电动机继续反转，使其在该位置落下，通过螺母丝杆机构使上刀架与齿盘重新啮合，实现精确定位。

（4）刀架压紧。刀架精确定位后，电动机继续反转（反转时间由系统 PLC 控制），夹紧刀架，当两齿盘增加到一定夹紧力并且刀架反转时间到达后，数控装置发出停止电动机反转的信号，从而完成一次换刀过程。

5. 电动刀架发信盘的工作原理

电动刀架发信盘是固定在刀架内部中心固定轴上由尼龙材料作为封装的圆盘部件。发信盘的内部根据刀架工位数设有四个或六个霍尔元件，并与固定在刀架上的磁钢共同作用来检测刀具的位置，如图 2—4—2 所示。

图 2—4—2　电动刀架发信盘

（1）发信盘内部结构和工作原理。四工位发信盘共有六个接线端子，两个端子为直流电源端，其余四个端子按顺序分别接四个刀位所对应的霍尔元件的控制端，根据霍尔传感器的输出信号来识别和感知刀具的位置状态。

当程序指令刀架更换2号刀具时，刀架电动机驱动刀架旋转；当在刀架上的磁钢到达发信盘的2号位置时，霍尔元件就会发出开关信号给 CNC 系统刀架位置控制接口，确定刀具已到达确定位置并锁住刀架。电路原理如图2—4—3所示。由原理图可知，发信盘的主要器件构成是霍尔器件。

（2）霍尔器件结构和检测。刀架发信盘的内部核心元件是霍尔器件，它是由电压调整器、霍尔电压发生器、差分放大器、史密特触发器和集电极开路的输出级集成的磁敏传感电路，其输入为磁感应强度，输出是数字电压信号。它是一种单磁极工作的磁敏电路，适合于在矩形或者柱形磁体下工作。数控车床电动刀架的发信盘通常采用3020型霍尔开关器件，采用 TO-92T 封装，标识面为磁极工作面。如图2—4—4所示为霍尔器件内部功能框图。霍尔开关器件具有电源电压范围宽（4.5～24 V DC），开关速度快，没有瞬间抖动，工作频率宽（0～100 kHz），能直接和晶体管及 TTL、MOS 等逻辑电路接口，对环境要求不苛刻等优点。

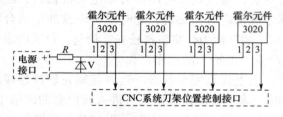

图2—4—3　电动刀架发信盘电路原理图

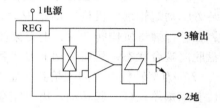

图2—4—4　霍尔器件内部功能框图

检测霍尔开关器件时，将器件的1、2引脚分别接到直流稳压电源（可选20 V）的正负极，指针式万用表在电阻挡（×10）上，黑表笔接3引脚，红表笔接2引脚，此时万用表的指针应没有明显偏转。当用一磁铁贴近霍尔器件标识面时，指针应有明显的偏转（若无偏转可将磁铁调换一面再试），磁铁离开指针又应恢复原来位置。这表明该器件完好，否则说明该器件已坏。

二、机床润滑泵

数控机床润滑系统在机床中占有十分重要的位置，对于提高机床加工精度、延长机床使用寿命等都有着十分重要的作用。润滑对象主要包括机床导轨、滚珠丝杠、传动齿轮、主轴箱等（见图2—4—5），其形式有电动间歇润滑泵、定量式集中润滑泵等。其中电动间歇润滑泵应用较多，可实现自动间歇、周期供油，润滑间歇时间和每次泵油量可根据润滑要求进行调整或参数设定。

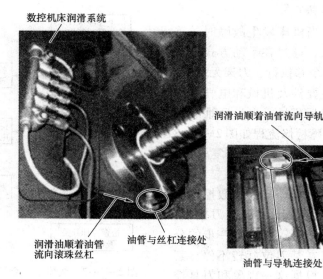

图 2—4—5　润滑系统

三、机床冷却泵

数控机床冷却系统主要用于在切削过程中冷却刀具与工件，同时也起到冲屑的作用。为了获得较好的冷却效果，冷却泵打出的切削液需要通过刀架或主轴前的喷嘴喷出并直接冲向刀具与工件的切削发热处。冷却泵的开、停由数控系统中的辅助指令 M08、M09 分别控制。

四、机床照明

为安全起见，机床的照明一般采用 AC 24 V 供电。

五、辅助装置典型故障维修

1. 数控车床润滑泵不工作

故障分析与处理：当机床发生故障时，首先观察故障的具体现象，机床通电后在手动方式下，按下润滑启动按钮，润滑泵不工作。根据原理分析确定出故障检修流程，如图 2—4—6 所示。然后根据流程图进行逐一检查，并修复故障。

2. 数控车床冷却泵不工作

故障分析与处理：当机床发生故障时，首先观察故障的具体现象，机床通电后在手动方式下，按下冷却泵启动按钮，冷却泵电动机不工作。根据原理分析确定出故障检修流程，如图 2—4—7 所示。然后根据流程图进行逐一检查，并修复故障。

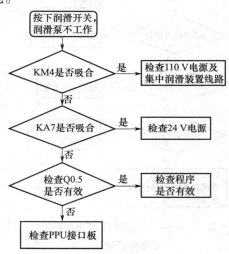

图 2—4—6　数控车床润滑泵不工作的
故障检修流程

3. 数控车床刀架不转

故障分析与处理：当机床发生故障时，首先观察故障的具体现象，通过在手动方式下或MDI方式下输入换刀指令并执行，刀架无反应。出现刀架不转的故障主要涉及机械和电气两部分，维修时依照先电气后机械、先易后难的原则进行检查，具体的故障检修流程如图2—4—8所示。根据流程图进行逐一检查，并修复故障。

4. 四工位电动刀架找不到刀号

故障分析与处理：接通CK260型数控机床电源后，在手动方式下，按下手动换刀按钮，刀架运转不停，找不到刀号。通过进一步的分析和检查，发现机床只在某刀位旋转不停，其他刀位可以正常转动。根据这一现象和刀具控制原理分析，基本上可以排除刀架机械故障，因此主要原因可从电气控制方面进行检查，维修时依照先易后难的原则进行检查，具体的故障检修流程如图2—4—9所示。根据流程图进行逐一检查，并修复故障。

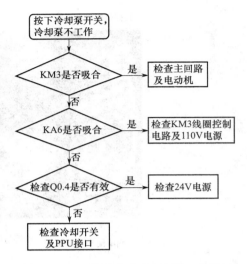

图2—4—7　数控车床冷却泵不工作的
故障检修流程

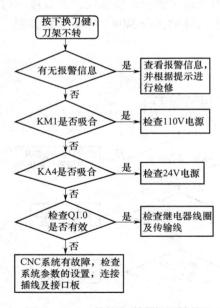

图2—4—8　数控车床刀架不转的
故障检修流程

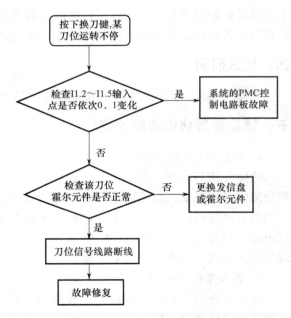

图2—4—9　找不到刀号的故障检修流程

5. 电动刀架常见故障总结

根据以往的经验总结出电动刀架常见的故障，见表2—4—2。

表 2—4—2   电动刀架常见故障分析

序号	故障现象	原因分析	排除方法
1	电动机停转，刀架不动	（1）刀架控制线路有故障 （2）电动机相序不对 （3）机械出现故障	（1）检查线路 （2）润滑电动机相序 （3）检查机械故障
2	刀架转不停或在某个刀位不停	（1）磁钢与霍尔元件相碰 （2）霍尔元件线路出现故障 （3）霍尔元件短路 （4）刀位信号接收电路故障	（1）检查磁钢 （2）检查线路 （3）更换霍尔元件 （4）检查或更换电路板
3	刀架换刀不到位或过冲太大	发信盘或磁钢在圆周方向上没有对正	对正相对位置
4	刀位锁不紧	（1）反转时间太短 （2）机械锁紧机构故障 （3）发信盘位置没对正	（1）调整参数 （2）检查机械锁紧机构 （3）调整发信盘位置

任务实施

一、任务准备

实施本任务所需要的实训设备及工具材料见表 2—4—3。

表 2—4—3   实训设备及工具材料表

序号	设备与工具	说明	数量
1	数控车床（808D 系统）		1 台
2	机床资料	数控车床电气说明书、数控系统操作说明书	1 套
3	常用电工工具	自定	1 套
4	仪器仪表	自定	1 套
5	计算机及 CAD 绘图软件	自定	1 套

二、解读和用 CAD 画出润滑与冷却系统的电气线路图

1. 解读电气线路图

参考资料，在教师的指导下按照下列流程解读电气线路图。

（1）解读润滑泵主电路及控制信号流程。

（2）解读冷却泵主电路及控制信号流程。

（3）解读电动刀架主电路及控制信号流程。

操作提示

在教师的指导下，查阅资料，重点理解各控制端子的含义和信号流程。

2. 用 CAD 软件画出电气线路图

参考资料，在教师的指导下完成下列电气线路图的绘制。

（1）打开计算机，安装 CAD 2004 版或更高版本的绘图软件。

（2）建立文件夹并命名。

（3）打开 CAD 绘图软件，调出 A4 图幅。

（4）绘制润滑泵主电路及控制信号线路图。

（5）绘制冷却泵主电路及控制信号线路图。

操作提示

● 绘制电路图时应排列好图版。

● 绘制电气线路图时，元器件符号应正确规范，线路具有完善的保护功能。

● 条件许可时，可参照实际数控机床来绘制该机床的线路图。

3. 润滑、冷却、电动刀架的接线

（1）润滑泵线路的连接。按照图 2—1—15/19 完成润滑泵线路的连接。

（2）冷却泵线路的连接。按照图 2—1—15/19 完成冷却泵线路的连接。

（3）电动刀架线路的连接。按照图 2—1—14/15/20 完成电动刀架线路的连接。

（4）系统线路检查

1）通电前，按照信号从强到弱的顺序检查线路有无短路和接触不良等现象。

2）检查电动机强电电缆的相序。

3）检查地线的连接，并保证保护接地电阻值小于 1 Ω。

（5）系统通电。按照要求在指导教师的监督下通电检查。

（6）实训完毕，切断电源，整理场地。

三、实训线路连接

根据事先准备好的材料和接线图，在实训柜中完成线路连接。连线完毕，用万用表进行检查。

操作提示

1. 接线必须在断电的情况下进行。

2. 强电与弱电分开布线。

3. 布线时必须严格按照电气原理图进行接线。

4. 器件安装时，应逐级进行安装，切勿乱堆乱放。

任务测评

完成任务后，学生先按照表 2—4—4 进行自我测评，再由指导教师评价审核。

表 2—4—4   测评表

序号	项目	考核内容及要求	配分	评分标准	扣分	得分
1	解读和绘制线路图	（1）解读并绘制润滑泵线路（10分） （2）解读并绘制冷却泵线路（10分） （3）解读并绘制电动刀架线路图（10分） （4）图面一致性（5分）	35	（1）不能正确解读和绘制润滑泵线路，每错一处扣2分 （2）不能正确解读和绘制冷却泵线路，每错一处扣2分 （3）不能正确解读和绘制电动刀架线路，每错一处扣2分 （4）图面不清洁，扣5分		
2	材料准备与装前检查	（1）检查工具（5分）、资料（5分）是否准备齐全 （2）认识与检查电气元件（5分）	15	（1）工具不齐全，每少一件，扣1分 （2）资料不齐全，扣5分 （3）不认识、不会检测或漏检元件，每处扣1分		
3	润滑、冷却系统和电动刀架的连接	（1）正确连接润滑泵系统（10分） （2）正确连接冷却泵系统（10分） （3）正确连接电动刀架电路（20分）	40	（1）不能正确使用工具，每处扣1分 （2）损坏元器件，扣5分 （3）不会连接数控系统，每处扣2分 （4）不能正确连接电动机，每处扣5分		
4	安全文明生产	应符合国家安全文明生产的有关规定	10	违反安全文明生产有关规定不得分		
指导教师评价					总得分	

思考与练习

一、填空题（将正确答案填在横线上）

1. 常用的辅助装置包括_____、_____、_____、_____、_____、排屑装置等。

2. 数控机床的润滑对象主要包括_____、_____、_____、_____等，其润滑形式有_____、_____等。

3. 数控系统中冷却泵的开、停由辅助指令_____、_____分别控制。

4. 冷却泵控制回路中 KM3 线圈电压是_____ V，KA6 线圈电压是_____ V。

5. 自动换刀装置应当具备换刀时间_____、刀具重复定位精度_____、足够的_____、换刀空间_____、动作_____、使用稳定、刀具识别准确等特性。

6. 常采用的四工位回转电动刀架的工作过程包括_____、_____、_____、_____

_____四个阶段。

二、选择题（将正确答案的序号填在括号里）

1. 数控机床冷却系统的作用是（　　）。
   A. 冷却刀具　　　　B. 冲屑　　　　　　C. 冷却工件　　　　D. 以上都是
2. 808D 数控系统的润滑继电器 KA7，由 X200 接口中第（　　）管脚输出信号控制。
   A. Q1.0　　　　　　B. Q0.7　　　　　　C. Q0.4　　　　　　D. Q0.5
3. 数控机床照明电源是（　　）。
   A. AC 110 V　　　　B. AC 220 V　　　　C. AC 380 V　　　　D. AC 24 V
4. 关于四工位电动刀架的霍尔传感器，下列说法正确的是（　　）。
   A. 四工位刀架共有六个接线端子，两个直流电源端，四个发信端
   B. 霍尔器件的输出是模拟电压信号
   C. 它是一种双磁极工作的磁敏电路
   D. 以上说法都对

三、简答题

1. 数控机床润滑系统的电气控制要求有哪些？
2. 简述冷却泵的工作原理。

下 篇

SIEMENS808D 数控系统控制铣床

西门子 808D 数控系统控制铣床在行业控制中占有一席之地，由于其操作简单和使用方便、故障率低、编程快捷，受到越来越多顾客的欢迎。数控铣床的种类很多，常见的有数控铣床和数控加工中心。近期国家大力发展职业教育，栋梁教育集团与各大专院校合作推出了一系列的设备，既能教学又能锻炼学生的组装、调试和维修的能力，而且世界职业技能大赛也有数控装调这一项目，为了让学生更快地掌握数控机床的装调技术，避免走弯路，本部分以 DL-VM320 数控装调设备作为教学模型，为学生提供了解题思路。

模块三

VM320型数控铣床机械部分

学习目标

1. 了解数控铣床的机械结构。
2. 掌握数控铣床的应用技术。
3. 掌握 808D 数控铣床系统的构成。

任务导入

传统的教学模式是学生在学习专业课程时往往只集中在单一的技术上，例如电动机拖动、PLC 技术、传感器技术、变频调速技术、伺服驱动技术、数控 CNC 技术等。但是，在企业的生产设备中往往是将这些技术综合运用在一起。这就要求给学生提供一个综合技术环境，一个可二次创新的技术平台，使学生能够在平时的学习和实训操作中将多种相关的技术融会贯通。基于以上各种自动化教学发展趋势及工业自动化现场的实际应用情况，有必要掌握数控铣床的工作原理，并掌握西门子 808D 数控系统的基本操作方法、控制原理、接线标准、编程工艺。数控系统控制机床在工业上的普及示意如图 3—1—1 所示。

本节任务是教会学生掌握 808D 数控系统控制 VM320 型数控铣床的机械原理、结构，数控电气控制各电气元件的组成以及各类电气器件的型号、用途、作用。

相关知识

一、初识西门子 808D 数控系统控制的 VM320 型数控铣床

数控铣床主要由床身、铣头、纵向工作台、横向床鞍、升降台、电气控制系统等组成，能够完成基本的铣削、镗削、钻削、攻螺纹、自动工作循环等工作，可加工各种形状复杂的凸轮、样板、模具零件等。数控铣床的床身固定在底座上，用于安装和支承机床各部件，控

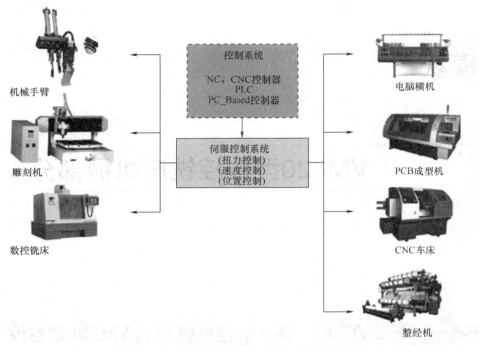

图 3—1—1 数控系统控制机床在工业上的普及

制台上有彩色液晶显示器、机床操作按钮和各种开关及指示灯。纵向工作台、横向溜板安装在升降台上，通过纵向进给伺服电动机、横向进给伺服电动机和垂直升降进给伺服电动机的驱动，完成 X、Y、Z 坐标的进给。

VM320 型数控铣床由机械本体和电控柜两大部分组成，铣床机械本体由主轴装置、进给装置、冷却系统、润滑系统、照明系统组成，电控柜由数控系统、伺服驱动器、主轴变频器、常用低压电器等组成。其外形图如图 3—1—2 所示。

图 3—1—2 VM320 型数控铣床外形图

1. VM320 数控装调设备的特点

（1）占地面积小，外形美观。

（2）直观性强，通过操作可熟悉机床的电气原理及机床的外观结构。本装置电气控制部分的操作能实现机床的各种运动控制，包括主轴正/反转的启/停、X/Y/Z 轴工作台的移动、返回参考点、极限位置的软/硬限位保护及冷却等模拟动作。

（3）电气控制线路的元器件都采用实际工业机床上应用的电器件，都装在实验桌上的电器柜内，一目了然，且都有相应的测试点，方便接线及检测线路操作。

（4）模块化设计理念，每个模块可独立安装，独立拆换，故障率低，维修方便。

（5）机床半实物仿真模型是参照正常机床的尺寸按照一定比例缩小设计，能真实地再现数控机床的机械运动，演示数控机床各种动作，但不具备加工能力。

（6）电气控制线路设计考虑周全，具备所有线路的断路保护和过载、短路保护。

（7）设备重复使用，学生每次实训完成后都可以恢复到常态，便于以后的学生实训而不出现冲突，在台体上就可以练习接线。

2. VM320 数控装调设备的主要技术参数

（1）输入电源：三相五线 380 V，50 Hz。

（2）工作环境：温度 –10 ~ +40℃，相对湿度 <85%（25℃），海拔 <4 000 mm。

（3）装置容量：<3 kVA。

（4）漏电保护动作电流：≤30 mA；漏电保护动作时间：≤0.1 s。

（5）电控柜尺寸：长 × 宽 × 高 = 800 mm × 600 mm × 1 800 mm。

（6）VM320 机床半实物参数

1）工作台移动行程：X 向 320 mm，Y 向 170 mm，Z 向 270 mm。

2）工作台最高移动速度：3 000 mm/min。

3）主轴最高转速：1 400 r/min。

4）主轴电动机功率：0.37 kW。

3. VM320 型数控铣床的特点及参数

（1）具备一定的加工能力，能加工铝木材质，雕刻不同的工件毛坯，完成数控机床的各种运动轨迹，如图 3—1—3 所示。

（2）采用国产 P4 级丝杆、精密丝杠专用轴承、进口精密丝杠锁紧螺母、国产主轴（手动换刀）、国产润滑系统、冷却系统、Y 向不锈钢防护、Z 向护帘。Z 向矩形硬轨、X/Y 向燕尾导轨经淬火处理；全树脂砂铸件，经多次人工时效处理。

（3）机床主要技术参数

1）工作台面积（长 × 宽，mm）：550 × 160。

2）T 形槽（数量 – 宽 – 间距，mm）：3 – 14 – 22。

3）工作台最大承载（kg）：60。

4）X 轴行程（mm）：320。

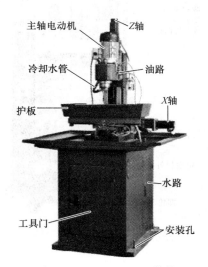

图 3—1—3 VM320 型数控铣床示意图

5）Y 轴行程（mm）:170。

6）Z 轴行程（mm）:270。

7）主轴端面至工作台（mm）:50～320。

8）主轴中心至立柱导轨面（mm）:185。

9）主轴锥孔（可选）:NT30。

10）主轴最高转速（r/min）:1 400。

11）主轴电动机功率0.37 kW。

12）进给电动机,X/Y/Z 轴扭矩（N·m）:3.3。

13）安装尺寸（最大）（mm）:90×90。

14）快速移动速度（m/min）:4。

15）切削进给速度（mm/min）:1～2 000。

16）丝杠参数（直径 mm/螺距 mm）:16/5。

17）定位精度（mm）:0.04。

18）重复空位精度（mm）:0.02。

19）机床质量（kg）:140。

20）机床外形尺寸（长×宽×高,mm）:660×460×820。

二、数控电控柜及配套设施

为方便学生平常反复拆装训练,经反复研究推出网孔式、正反两面的盘面安装方法,如图3—1—4所示。学生想要顺利地完成任务,必须具备以下几个配套设施。

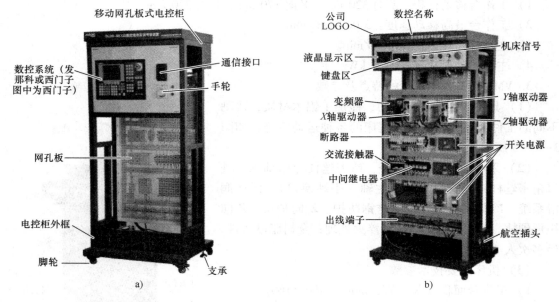

图3—1—4 电控柜安装示意图

a）正面 b）背面

（1）设备装箱，见表 3—1—1。

表 3—1—1 设备装箱明细

序号	名称	型号与说明	数量
1	柜体部分	DLDS-SKX23	1 台
2	铣床部分	VM320	1 台
3	说明书		1 本
4	铣刀	$\phi6$ mm、$\phi8$ mm、$\phi10$ mm、$\phi12$ mm 各一把	1 套
5	铣夹头	NT30（4 件套）	1 个
6	拉杆		1 根
7	润滑油	30#	1 L
8	机用平口钳	钳口 100 mm 左右，M12T 形螺栓，孔间距 84 mm	1 个

（2）设备原理图及资料，见表 3—1—2。

表 3—1—2 设备原理图及资料明细

序号	名称	型号与说明	数量
1	电气原理图		1 份
2	盘面布置图		1 份
3	接线图		1 份
4	MM420 变频器参数说明	电子版	1 份
5	简明安装调试手册	808D	1 本
6	诊断说明	808D	1 本
7	操作与编程（铣床）	808D	1 本
8	安装光盘		1 张

（3）电气元件，见表 3—1—3。

表 3—1—3 电气元件清单

序号	名称	型号与说明	数量
1	开关电源	DC 24 V　8.3 A	1
2	变压器	JBK5-630（530 VA/100 VA）	1
3	电源滤波器	DL-10EBX1 10 A	1
4	指示灯	DC 24 V $\phi16$ mm	3
5	接线端子	TB1512	4
6	线槽	4040	3
7	总断路器	4P 16 A	1
8	交流接触器	CJX2-1210	1
9	中间继电器	四开四闭 DC 24 V	1
10	中间继电器	二开二闭 DC 24 V	5
11	伺服电动机		

的，这是数控机床区别于通用机床的重要方面之一。伺服控制的最终目的就是实现对机床工作台或刀具的位置控制。伺服系统中所采取的一切措施，都是为了保证进给运动的位置精度。铣床与车床相比，多了一个进给轴。

（1）进给轴装置组成。进给轴装置主要由 X 轴丝杠、Y 轴丝杠、Z 轴丝杠、联轴器、法兰盘、进给电动机、挡板、安装用螺钉等组成。

（2）进给轴的工作原理。在铣床上，把被加工零件的工艺过程、工艺参数以及刀具与工件的相对位移，用数控语言编写成加工程序单，然后将程序输入到数控装置，数控装置便根据数控指令控制机床的各种操作和刀具与工件的相对位移。根据零件的形状、尺寸、精度、表面粗糙度等技术要求制定加工工艺，选择加工参数，通过手工编程或利用 CAM 软件自动编程，将编好的加工程序输入到控制器。控制器对加工程序进行处理后，向伺服装置传送指令。伺服装置向伺服电动机发出控制信号。主轴电动机使刀具旋转，X、Y 和 Z 向的伺服电动机控制刀具和工件按一定的轨迹相对运动，从而实现工件的切削，如图 3—1—8 所示。

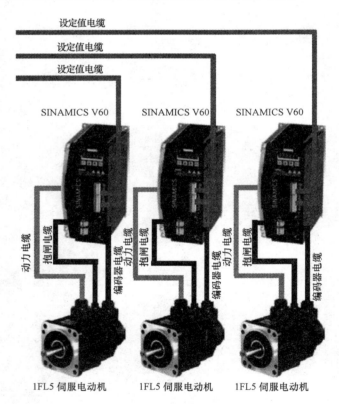

图 3—1—8　伺服驱动器控制伺服电动机示意图

当零件加工程序结束时，机床就会自动停止，加工出合格的零件，其过程可以分为生产过程和工艺过程。生产过程是把原材料转变为成品的全过程。工艺过程是改变生产对象的形状、尺寸、相对位置、性质等，使其成为成品或半成品的过程。

（3）进给轴的特点。对于数控机床来说，对进给轴的要求如下：

1）摩擦阻力要小。广泛采用滚珠丝杠和滚动导轨以及塑料导轨和静压导轨。

2）传动刚度要高。

3）转动惯量要小。

4）谐振频率要高。

5）传动间隙要小。

（4）进给轴电动机外形尺寸（见图 3—1—9）及主要技术参数（见表 3—1—4）。

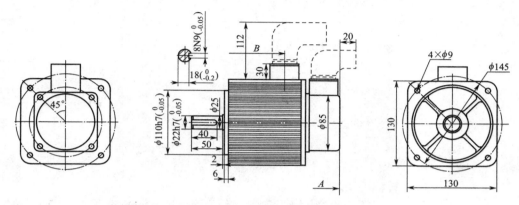

图 3—1—9 进给轴电动机外形尺寸

表 3—1—4 进给轴电动机主要技术参数

电动机类型	A（mm）	B（mm）
4 N·m	163（205）	80
6 N·m	181（223）	90
7.7 N·m	195（237）	112
10 N·m	219（261）	136

3. 辅助装置

同车床部分，这里不再加以说明。

4. 数控机床坐标系

（1）机床坐标系及运动方向。机床坐标系统采用右手笛卡尔坐标系，如图 3—1—10 所示。

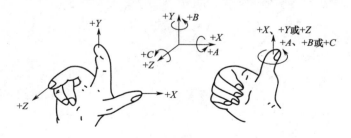

图 3—1—10 右手笛卡尔坐标系

（2）绝对坐标与增量坐标。所有坐标值均以机床或工件原点计量的坐标系称为绝对坐

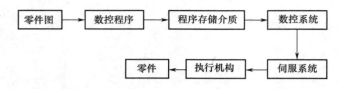

图 3—1—13　数控机床的工作过程

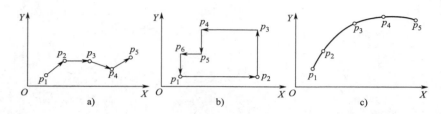

图 3—1—14　机床控制运动的方式

任务实施

一、任务准备

实施本任务所需要的实训设备及工具材料见表 3—1—5。

表 3—1—5　　　　　　　　　　　实训设备及工具材料表

序号	名称	说明	数量
1	数控车床（808D 系统）		1 台
2	机床资料	数控铣床电气说明书、数控系统 808D 参数手册、简明调试手册等	1 套
3	常用电工工具	自定	1 套
4	仪器仪表	自定	1 套
5	计算机及数控考核软件	自定	1 套

二、熟悉铣床的结构，了解各装置的位置

1. 在指导教师的指导下，对照数控铣床了解其主要结构，并正确填写表 3—1—6。

表 3—1—6　　　　　　　　　　　数控铣床主要结构的功能

序号	结构名称	功能
1	主轴机构	
2	进给机构	
3	润滑系统	
4	冷却系统	
5	机床照明	
6	电气控制柜	

序号	结构名称	功能
7	考核部分	
8	808D 数控系统	6FC5370-1AM00-0CA0（中文版）
9	操作面板	6FC5303-0AF35-0CA0（中文版）
10	伺服电动机（X/Y）	1FL5062-0AC21-0AA0（6 N·m、带键、不带抱闸）2 个
11	伺服电动机（Z）	1FL5062-0AC21-0AB0（6 N·m、带键、带抱闸）1 个
12	伺服驱动器	6SL3210-5CC16-0UA0（6 A）3 个
13	动力电缆	3 根
14	编码器电缆 2	带抱闸 1 根
15	编码器电缆 1	不带抱闸 2 根

2. 任务实施

（1）对主轴进行 JOG 模式、自动模式、MDI 模式的操作。

（2）对进给轴 X/Y/Z 轴进行 JOG 模式、自动模式、MDI 模式的操作。

（3）对润滑、冷却系统进行 JOG 模式、自动模式、MDI 模式的操作。

（4）查看数控系统的型号。

（5）观察各轴运动时出现的现象。

3. 任务记录

调出数控系统的铣床参数和轴参数，并整理归档存放在表 3—1—7 中。

表 3—1—7　　　　　　　　各轴参数

参数代号	主轴参数	X 轴参数	Y 轴参数	Z 轴参数

任务测评

完成操作任务后，学生先按照表 3—1—8 进行自我测评，再由指导教师评价审核。

表 3—1—8　　　　　　　　评分标准

序号	项目	考核内容及要求	配分	评分标准	扣分	得分
1	任务准备	检查工具、资料是否准备齐全	10	（1）工具不齐全，每少一件扣 0.5 分 （2）资料不齐全，扣 3 分		
2	主轴	解读主轴箱、主轴变频器、主轴电动机的位置及作用	20	（1）不能正确说出主轴变频器型号及其作用扣 5 分 （2）不能正确说出编码器型号及其作用扣 5 分 （3）不能正确说出主轴电动机型号及其作用扣 5 分 （4）不能正确指出各部件的机床位置扣 5 分		

具有高回转精度和良好的刚度；主轴装有快速换刀拉杆；主轴采用机械无级变速，其调节范围宽，传动平稳，操作方便。启动主电动机时，应注意抬刀位置。铣头部件还装有伺服电动机、内齿带轮、滚珠丝杠副及主轴套筒，它们形成垂直方向（Z 方向）进给传动，使主轴作垂直方向的直线运动。

2. 工作台与床鞍

工作台与床鞍支承在升降台较宽的水平导轨上，工作台的纵向进给是由安装在工作台右端的伺服电动机驱动的，通过内齿带轮带动精密滚珠丝杠副，从而使工作台获得纵向进给。床鞍的纵横向导轨面均采用了 TuRcllE B 贴塑面，从而提高了导轨的耐磨性、运动的平稳性和精度的保持性，消除了低速爬行的现象。

3. 交流伺服电动机

升降台前方装有交流伺服电动机，驱动床鞍作横向进给运动，其传动原理与工作台的纵向进给相同。

4. 冷却系统

机床的冷却系统是由冷却泵、出水管、回水管、开关、喷嘴等组成的。冷却泵安装在机床底座的内腔里。冷却泵将冷却液从底座内的储液池打至出水管，然后经喷嘴喷出，对切削区进行冷却。

5. 润滑系统及方式

润滑系统是由手动润滑油泵、分油器、节流阀、油管等组成的。机床采用周期润滑方式，用手动润滑油泵，通过分油器对主轴套筒、纵横向导轨及三向滚珠丝杠进行润滑，以提高机床的使用寿命。

6. 夹具

数控机床主要用于加工形状复杂的零件，但所使用夹具的结构往往并不复杂。数控铣床夹具的选用可首先根据生产零件的批量来确定。

对单件、小批量、工作量较大的模具加工来说，一般可直接在机床工作台面上通过调整实现定位与夹紧，然后通过加工坐标系的设定来确定零件的位置。

7. 刀具

数控铣床上所采用的刀具要根据被加工零件的材料、几何形状、表面质量要求、热处理状态、切削性能、加工余量等，选择刚度好、耐用度高的刀具。下面来谈谈铣刀。

铣刀一般由刀片、定位元件、夹紧元件和刀体组成。由于刀片在刀体上有多种定位与夹紧方式，刀片定位元件的结构又有不同类型，因此铣刀的结构形式有多种，分类方法也较多。主要可根据刀片排列方式选用。刀片排列方式可分为平装结构和立装结构两大类。

根据被加工零件的几何形状，选择铣刀刀具的依据如下：

（1）加工曲面类零件时，为了保证刀具切削刃与加工轮廓在切削点相切，避免刀刃与工件轮廓发生干涉，一般采用球头刀，粗加工用两刃铣刀，半精加工和精加工用四刃铣刀。

（2）铣大的平面时，为了提高生产效率和提高加工表面质量，一般采用刀片镶嵌式盘形铣刀。

（3）铣小平面或台阶面时，一般采用通用铣刀。

（4）铣键槽时，为了保证槽的尺寸精度，一般用两刃键槽铣刀。

（5）加工孔时，可采用钻头、镗刀等孔加工类刀具。

8. 精度

我国已制定了数控铣床的精度标准，其中数控立式升降台铣床已有专业标准。该标准规定其直线运动坐标的定位精度为 0.04 mm/300 mm，重复定位精度为 0.025 mm，铣圆精度为 0.035 mm。实际上，机床出厂精度均有相当的储备量，比国家标准的允差值大约压缩 20% 左右。因此，从精度选择来看，一般的数控铣床即可满足大多数零件的加工需要。对于精度要求比较高的零件，则应考虑选用精密型的数控铣床。

二、数控铣床的主要功能

1. 点位控制功能

数控铣床的点位控制功能主要用于工件的孔加工，如中心钻定位、钻孔、扩孔、锪孔、铰孔、镗孔等各种孔加工操作。

2. 连续控制功能

通过数控铣床的直线插补、圆弧插补或复杂的曲线插补运动，铣削加工工件的平面和曲面。

3. 刀具半径补偿功能

如果直接按工件轮廓线编程，在加工工件内轮廓时，实际轮廓线就将大一个刀具半径值，而在加工工件外轮廓时，实际轮廓线又会小一个刀具半径值。使用刀具半径补偿方法，数控系统自动计算刀具中心轨迹，使刀具中心偏离工件轮廓一个刀具半径值，从而加工出符合图样要求的轮廓。利用刀具半径补偿功能，不仅可以改变刀具半径补偿量，还可以补偿刀具磨损量和加工误差，实现对工件的粗加工和精加工。

4. 刀具长度补偿功能

改变刀具长度的补偿量，可以补偿刀具换刀后的长度偏差值，还可以改变切削加工的平面位置，控制刀具的轴向定位精度。

5. 固定循环加工功能

应用固定循环加工指令，可以简化加工程序，减少编程的工作量。

6. 子程序功能

如果加工工件形状相同或相似的部分，把其编写成子程序，由主程序调用，就可以简化程序结构。引用子程序的功能使加工程序模块化，按加工过程的工序分成若干个模块，分别编写成子程序，由主程序调用，完成对工件的加工。这种模块化的程序便于加工调试，优化加工工艺。

三、数控铣床的加工范围

1. 平面加工

数控机床铣削平面可以分为对工件的水平面（XY）加工，对工件的正平面（XZ）加工和对工件的侧平面（YZ）加工。只要使用两轴半控制的数控铣床就能完成对这些平面的铣削加工。

2. 曲面加工

如果铣削复杂的曲面，则需要使用三轴甚至更多轴联动的数控铣床。

四、VM320 型数控铣床的安装

1. 出厂前的机械结构安装

（2）开动机床前，要检查机床电气控制系统是否正常，润滑系统是否畅通，油质是否良好，并按规定要求加足润滑油，检查各操作手柄是否正确，工件、夹具及刀具是否已夹持牢固，冷却液是否充足，然后开慢车空转 3~5 min，检查各传动部件是否正常，确认无故障后，才可正常使用。

（3）程序调试完成后，必须经指导老师同意后，方可按步骤操作，不允许跳步骤执行。

（4）加工零件前，必须严格检查机床原点、刀具数据是否正常，并进行无切削轨迹仿真运行。

3. 过程注意事项

（1）加工零件时，必须关上防护门，不准把头、手伸入防护门内，加工过程中不允许打开防护门。

（2）加工过程中，操作者不得擅自离开机床，应保持思想高度集中，观察机床的运行状态。若发生不正常现象或事故时，应立即终止程序运行，切断电源并及时报告指导教师，不得进行其他操作。

（3）严禁用力拍打控制面板、触摸显示屏。严禁敲击工作台、分度头、夹具和导轨。

（4）严禁私自打开数控系统控制柜观看和触摸。

（5）操作人员不得随意更改机床内部参数。实习学生不得调用、修改其他非自己所编的程序。

（6）机床控制微机上，除进行程序操作、传输及拷贝外，不允许进行其他操作。

（7）数控铣床属于大精设备，除工作台上安放工装和工件外，机床上严禁堆放任何工、夹、刃、量具，工件和其他杂物。

（8）禁止用手接触刀尖和铁屑，铁屑必须要用铁钩子或毛刷来清理。

（9）禁止用手或其他任何方式接触正在旋转的主轴、工件和其他运动部位。

（10）禁止加工过程中测量工件、手动变速，更不能用棉丝擦拭工件，也不能清扫机床。

（11）禁止进行尝试性操作。

（12）使用手轮或快速移动方式移动各轴位置时，一定要看清机床 X、Y、Z 轴各方向"＋、－"号标牌后再移动。移动时先慢转手轮观察机床移动方向，确认无误后方可加快移动速度。

（13）在程序运行中须暂停测量工件尺寸时，要待机床完全停止、主轴停转后方可进行测量，以免发生人身事故。

（14）机床若数天不使用，则每隔一天应对 NC 及 CRT 部分通电 2~3 h。

（15）关机时，要等主轴停转 3 min 后方可关机。

六、VM320 机械本体的精度检测及维修技巧

1. 机械部分维修的基本原则

（1）先外部后内部。

（2）先机械后电气。

（3）先静后动。

（4）先整体后局部。

（5）先简单后复杂。

（6）先一般后特殊。

2. 机械结构部件的维护

（1）主传动链的维护。

（2）滚珠丝杠螺纹副的维护。

（3）刀库及换刀机械手的维护。

（4）液压与气动系统的维护。

（5）主轴电动机和进给电动机的定期检查和更换。

3. 数控铣床故障分析方法

（1）直观检测法。

（2）自诊断功能法。

（3）隔离法。

（4）备件置换法。

（5）功能程序测试法。

（6）参数检查法。

（7）测量比较法。

（8）敲击法。

（9）局部升降温法。

（10）原理分析法。

4. 数控机床的检测

（1）机床的常用检测工具。包括精密水平仪、直角尺、精密方箱、平尺、平行光管、千分表、测微仪、高精度主轴检验芯棒等。检测工具和仪器的精度必须比所测几何精度高一个等级。

（2）检测内容

1）X、Y、Z 坐标轴的相互垂直度。

2）工作台面的平面度。

3）X、Y 轴移动时工作台面的平行度。

4）主轴在 Z 轴方向移动的直线度。

5）X 轴移动时工作台面边界与定位基准面的平行度。

6）主轴的轴向窜动、径向跳动。

7）回转工作台精度。

（3）数控机床位置精度检验。数控机床的精度有两种，一种是定位精度，另一种是重复定位精度。定位精度是系统误差，重复定位精度是随机误差，定位精度包含重复定位精度。重复定位精度是呈正态分布的偶然性误差，它影响一批零件加工的一致性，是反映轴运动稳定性的一个基本指标。

单向定位精度 $A\uparrow$、$A\downarrow$：

$$A\uparrow = \max[\overline{X_i}\uparrow + 2S_i\uparrow] - \min[\overline{X_i}\uparrow - 2S_i\uparrow]$$

$$A\downarrow = \max[\overline{X_i}\downarrow + 2S_i\downarrow] - \min[\overline{X_i}\downarrow - 2S_i\downarrow]$$

双向定位精度 A：

$$A = \max[\overline{X_i}\uparrow + 2S_i\uparrow; \overline{X_i}\downarrow + 2S_i\downarrow] - \min[\overline{X_i}\uparrow - 2S_i\uparrow; \overline{X_i}\downarrow - 2S_i\downarrow]$$

其中，$\overline{X_i}\uparrow$、$\overline{X_i}\downarrow$、$\overline{X_i}$ 分别为目标测量点"i"处的双向趋近平均位置偏差与双向平均位置偏差，如图 3—2—2 所示。

图 3—2—2 中 P_i 为测量目标点，$P_i\uparrow$、$P_i\downarrow$ 分别为双向趋近目标点时的实际位置。

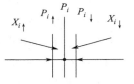

图 3—2—2　位置偏差

$$X_i\uparrow = P_i\uparrow - P_i; \quad X_i\downarrow = P_i\downarrow - P_i$$

$$\overline{X_i}\uparrow = \frac{1}{n}\sum_{j=1}^{n} X_{ij}\uparrow; \quad \overline{X_i}\downarrow = \frac{1}{n}\sum_{j=1}^{n} X_{ij}\downarrow \qquad (n = 5)$$

$S_i\uparrow$、$S_i\downarrow$ 为机床轴线测量位置点 i 处的单向定位标准不确定度的估算值：

$$S_i\uparrow = \sqrt{\frac{1}{n-1}\sum_{j=1}^{n}(X_{ij}\uparrow - \overline{X_i}\uparrow)^2}$$

$$S_i\downarrow = \sqrt{\frac{1}{n-1}\sum_{j=1}^{n}(X_{ij}\downarrow - \overline{X_i}\downarrow)^2}$$

测量点处的双向重复定位精度：

$$R_i = \max[2S_i\uparrow + 2S_i\downarrow + |B_i|; R_i\uparrow; R_i\downarrow]$$

式中：B_i 为机床测量轴线 i 点处的反向差值

$$B_i = \overline{X_i}\uparrow - \overline{X_i}\downarrow$$

轴线反向差值 B：

$$B = \max[|B_i|]$$

$R_i\uparrow$、$R_i\downarrow$ 为机床测量轴线 i 点处的单向重复定位精度：

$$R_i\uparrow = 4S_i\uparrow, \quad R_i\downarrow = 4S_i\downarrow$$

测量轴线全程的单向重复定位精度（$R_i\uparrow$、$R_i\downarrow$）与双向重复定位精度 R：

$$R\uparrow = \max[R_i\uparrow]$$

$$R\downarrow = \max[R_i\downarrow]$$

$$R = \max[R_i]$$

因此，机床轴线的定位精度及重复定位精度均是一个测量统计值。

1）定位精度。指机床各坐标轴在数控装置控制下运动所能达到的位置精度。

2）重复定位精度。指数控机床的运动部件在同样条件下在某点定位时，定位误差的离散度大小。

3）反向差值。当移动部件从正、反两个方向多次重复趋近某一定位点时，正、反两个方向的平均位置偏差是不相同的，其差值称为反向差值。从不同方向趋近某一定位点时，其定位精度和重复定位精度也有所不同。

数控机床的精度允许误差见表 3—2—1。

表 3—2—1　　　　　　　　　　　　　　　线性轴线精度的允差

序号	检验项目	代号及符号	轴线的测量行程			
			≤500	>500~800	>800~1 250	>1 250~2 000
			允差			
1	双向定位精度	A	0.022	0.025	0.032	0.042
2	单向定位精度	$A\uparrow$ 和 $A\downarrow$	0.016	0.020	0.025	0.030
3	双向重复定位精度	R	0.012	0.015	0.018	0.020
4	单向重复定位精度	$R\uparrow$ 和 $R\downarrow$	0.006	0.008	0.010	0.020
5	轴线的反向差值	B	0.010	0.010	0.012	0.012
6	平均反向差值	$\bar{B}$	0.006	0.006	0.008	0.008
7	双向定位系统偏差	E	0.015	0.018	0.023	0.030
8	单向定位系统偏差	$E\uparrow$ 和 $E\downarrow$	0.010	0.012	0.015	0.018
9	轴线的平均双向位置偏差范围	M	0.010	0.012	0.015	0.020

操作提示

符号↑表示正向趋近，符号↓表示负向趋近。

双向定位精度与重复定位精度的坐标如图 3—2—3 所示。

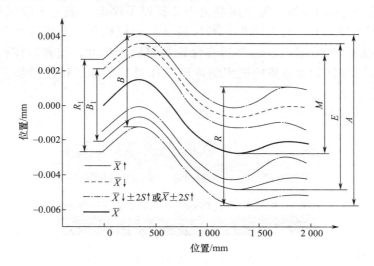

图 3—2—3　双向定位精度与重复定位精度

单向定位精度与重复定位精度的坐标如图 3—2—4 所示。

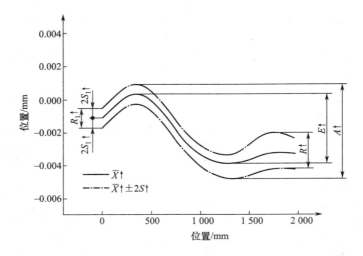

图 3—2—4　单向定位精度与重复定位精度

（4）数控机床精度检测仪器。数控机床精度的主要测量数据是机床各轴线测量点的实际位置数据，具体测量方式按照 GB/T 17421.2—2000 标准，有两种检验循环方式——标准检验循环和阶梯循环。

目前各机床企业进行机床精度测量时主要使用，步距规加千分表、激光干涉仪、球杆仪等仪器。采用激光干涉仪时，数据精确，且自动计算，不会出现计算上的错误。

英国雷尼绍（RENISHAW）公司是专门从事设计、制造高精度检测仪器与设备的世界性跨国公司，其主要产品为三坐标测量机及数控机床用测头、激光干涉仪（ML-10 或 XL-80）、球杆仪（QC10）等，为机械制造工业提供了序前（激光干涉仪和球杆仪）、序中（数控机床用工件测头及对刀测头）和序后（三测机用测头及配置）检测的成系列质量保证手段。它的全部技术与产品都旨在保证数控机床精度，改善数控机床性能，提高数控机床效率，可保证和改善数控机床制造厂工作母机的加工精度与质量，扩大制成品的市场。

1）步距规。步距规的外形如图 3—2—5 所示。

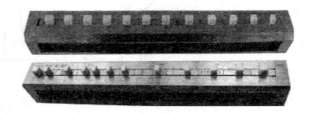

图 3—2—5　步距规外形图

步距规的示意图如图 3—2—6 所示。

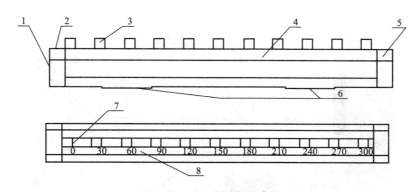

图 3—2—6 步距规示意图

1—端面 2—端座 3—量块 4—基体 5—端盖 6—底座 7—零点工作面 8—标尺

采用步距规测量的方法是传统的测量方法，但按 GB/T 17421.2—2000 的规定，各测量目标间的距离不等，对步距规提出了更加苛刻的制造要求，因此测量并不方便。若采用传统的步距规，必须对读表数据再进行估算才能得到测量目标点的位置数据，因此也会不精确（存在换算因子，会引起换算误差）。步距规的安装方式如图 3—2—7 所示，要求步距规的轴线与 X 轴的轴线平行（允差为 0.02 mm），其安装与检验也是一个问题。

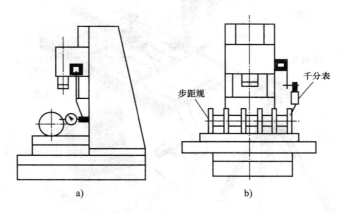

图 3—2—7 步距规的安装方式

a）X 轴轴线方向 b）X 轴垂直方向

2）激光干涉仪。用激光干涉仪测量机床精度完全能满足 GB/T 17421.2—2000 的要求，且测量精度高，一致性好，不受机床行程大小的影响，这是目前机床行业普遍采用的方法。激光干涉仪的光路及工作原理如图 3—2—8 所示，激光干涉仪用于机床时的安装示意图如图 3—2—9 所示。

使用激光干涉仪要考虑以下几个方面：

①几何精度检测。可用于检测直线度、垂直度、俯仰与偏摆、平面度、平行度等。

②位置精度的检测及其自动补偿。可检测数控机床的定位精度、重复定位精度、微量位移精度等。利用雷尼绍激光干涉仪不仅能自动测量机器的误差，而且还能通过 RS232 接口自动对其线性误差进行补偿，比通常的补偿方法节省了大量时间，并且避免了手工计算和手

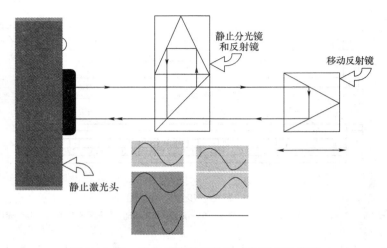

图 3—2—8　激光干涉仪光路及工作原理示意图

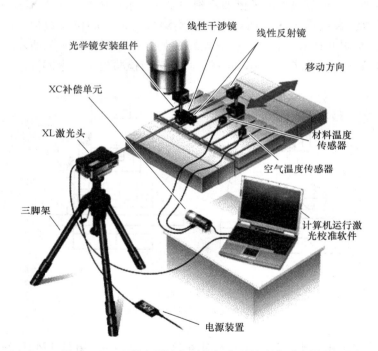

图 3—2—9　激光干涉仪用于机床时的安装示意图

动数控键入而可能引起的操作误差，同时可最大限度地选用被测轴上的补偿点数，使机床达到最佳精度。另外操作者无须具有机床参数及补偿方法的知识。

③数控转台分度精度的检测及其自动补偿。现在，利用激光干涉仪加上转台基准还能进行回转轴的自动测量。它可对任意角度位置，以任意角度间隔进行全自动测量，其精度达 ±1″。新的国际标准已推荐使用该项新技术。它与传统的使用自准直仪和多面体的方法相比，不仅节约了大量的测量时间，而且还得到完整的回转轴精度曲线，知晓其精度的每一细节，并给出按相关标准处理的统计结果。

④双轴定位精度的检测及其自动补偿。雷尼绍双激光干涉仪系统可同步测量大型龙门移动式数控机床由双伺服驱动某一轴向运动的定位精度，而且还能通过 RS232 接口，自动对两轴线性误差分别进行补偿。

⑤数控机床动态性能检测。利用 RENISHAW 动态特性测量与评估软件，可用激光干涉仪进行机床振动测试与分析、滚珠丝杠的动态特性分析、伺服驱动系统的响应特性分析、导轨的动态特性（低速爬行）分析等。

采用激光干涉仪测量和补偿精度，成本高，出射光与反射光的准直调整需要较长时间，一般取决于操作经验，如果操作不当，可能会出现引导性错误，从而导致判断失误。

3）千分表。利用千分表测量机床精度是最便捷的检验方法。千分表的测量精度/分辨率为 1 μm，常见的千分表如图 3—2—10 所示。

图 3—2—10　各类千分表示意图
a）数显示　b）机械指针式　c）杠杆机械指针式

千分表用于机床的测量过程示意图如图 3—2—11 所示。

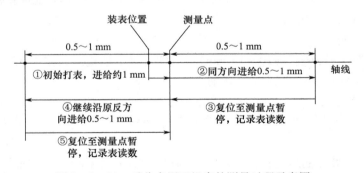

图 3—2—11　千分表用于机床的测量过程示意图

4）球杆仪。在数控机床精度检测中，QC10 球杆仪和 ml10 激光干涉仪是两种互为相辅的仪器，缺一不可。ml10 激光干涉仪着重检测机床的各项精度，而 QC10 球杆仪主要用来确定机床失去精度的原因及诊断机床的故障。但与 ml10 激光干涉仪相比，QC10 球杆仪目前还没有被广大用户所了解。为此以下将着重介绍 QC10 球杆仪的原理、功能及在检测中的应用。

①球杆仪的定义。雷尼绍 QC10 球杆仪是用于数控机床两轴联动精度快速检测与机床故

障分析的一种工具。它由一安装在可伸缩的纤维杆内的高精度位移传感器构成，该传感器包括两个线圈和一个可移动的内杆。当其长度变化时，内杆移入线圈，感应系数发生变化，检测电路将电感信号转变成分辨率为 0.1 μm 的位移信号，通过接口传入 PC 机，其精度经激光干涉仪检测达 ±0.5 μm（在 20℃）。

当机床按预定程序以球杆仪长度为半径走圆时，QC10 传感器检测到机床运动半径方向的变化，雷尼绍 QC10 分析软件可迅速将机床的直线度、垂直度、重复性、反向间隙、各轴的比例是否匹配及伺服性能等从半径的变化中分离出来。

②主要功能

a. 机床精度等级的快速标定。通过在不同进给速度下用球杆仪检测机床，使操作者可选用满足加工工件精度要求的进给速度进行加工，避免了废品的产生。

b. 机床故障及问题的快速诊断与分析。球杆仪可以快速找出并分析机床问题所在，主要可检查反向差、丝杠背隙差、伺服增益不匹配、垂直度误差、丝杆周期误差等性能。譬如机床发生撞车事故后，可用球杆仪检测并快速告诉操作者机床精度状况及是否可继续使用。在 ISO 标准中已规定了用球杆仪检测机床精度的方法。

c. 方便机床的保养与维护。球杆仪可以告诉用户机床精度变化情况，这样可提醒维修工程师注意机床的问题，进行预防性维护，不致酿成大故障。

d. 缩短新机床开发研制周期。用球杆仪检测可分析出机床润滑系统、伺服系统、轴承副等的选用对机床精度性能的影响。这样可根据测试情况更改原设计，因而缩短新机床研制周期。

e. 方便机床验收试验。对机床制造厂来说，可用球杆仪快速进行机床出厂检验，检查其精度是否达到设计要求。球杆仪现已被国际机床检验标准如 ISO230、ANSI B5.54 推荐采用。对机床用户来说，可用球杆仪进行机床验收试验，以取代 NAS 试件切削，或在用球杆仪检测好机床后再切试件即可。

③工作精度检测

QC10 球杆仪是一种快速（10～15 min）、方便、经济地检测数控机床两轴联动性能的仪器，可用于取代工作精度的 NAS 试件切削。

（5）数控机床定位精度常见误差曲线。通过对各仪器的了解，基本掌握了其使用方法，接着，进一步对数控机床定位精度常见误差曲线进行分析，并共同探讨有效的解决方案。

1）负坡度。负坡度曲线是指向外运行和向内运行两个测试均出现向下的坡度。在整个轴线长度上，误差呈线性负增加，这表示激光系统测量的间隔短于机床位置反馈系统指示的间隔。出现负坡度的可能原因有以下两种：Ⅰ. 光束准直调整不正确。假如轴线短于 1 m，则可能是材料热膨胀补偿系数不正确、材料温度丈量不正确或者波长补偿不正确。Ⅱ. 俯仰和扭摆造成阿贝偏置误差、机床线性误差。

操作提示

假如轴线的行程很短，可以检查激光的准直情况；检查 QC10 和测量头是否已连接并有反应；检查输入的手动环境数据是否正确；检查材料传感器是否正确定位以及输入的膨胀系数是否正确；使用角度光学镜组重新测量一次，检查机床的俯仰和扭摆误差。

2）正坡度。正坡度曲线是指在整个轴线长度上，误差呈线性正递增。这种现象的产生有以下几种可能：Ⅰ.材料热膨胀补偿系数不正确、材料温度丈量不正确或者波长补偿不正确。Ⅱ.俯仰和扭摆造成阿贝偏置误差、机床线性误差。

操作提示

检查 QC10 和传感器是否已连接并有反应，或者检查输入的手动环境数据是否正确；检查材料传感器是否正确定位以及输入的膨胀系数是否正确；使用角度光学镜组重新测量一次，检查机床的俯仰和扭摆误差。

3）周期性曲线。周期性曲线是整个轴线长度上的重复周期误差。它沿轴的俯仰保持不变，但幅度可能变化。导致周期性曲线的可能原因主要是机床方面的问题，如丝杠或传动系统故障、编码器故障、长型门式机床轨道的轴线直线度误差。

操作提示

采用很小的采样点间隔在一个俯仰周期上再测量一次，确认俯仰误差。作为一项指导原则，假如要检查的是机床某元件的周期性影响，可将采样间隔设为预期周期性俯仰的 1/8，然后通过比较机床丝杠的螺距、齿条的齿距、编码器、分解器或球栅尺俯仰、长型门式轨道的支承点之间的间隔等来确认可能的误差来源。例如，假如误差周期是 20 mm，查阅机床手册发现丝杠的导距也是 20 mm，很显然误差可能与丝杠旋转有关，丝杠可能在最近的一次维修或机床移动时被弄弯了，或者丝杠偏心旋转。

4）偏移。偏移是指往程和回程两次测试之间具有不变的垂直偏移。产生偏移曲线的可能原因主要是机床方面的问题，如反向间隙未补偿或不当补偿、车架与导轨之间存在间隙（松动）等。

操作提示

检查丝杠/滚珠丝杠驱动装置；检查球状螺母或丝杠是否磨损；检查丝杠轴承的端部浮动情况；使用角度光学镜组检查轴线反转时的车架角度间隙；检查控制器内设置的反向间隙补偿是否正确；检查机架和小齿驱动装置；检查牙是否正确啮合；检查箱是否磨损和线性编码器系统的状况。

5）燕尾状。燕尾状是指在往程测试中出现向下的坡度的情况，回程测试为往程测试的镜像，往程和回程测试之间的偏差（或滞后或反向间隙）随轴线离开受驱动端而逐渐增大。产生燕尾状的可能原因主要是机床方面的问题，如滚珠丝杠扭转、导轨太紧、使用的误差补偿值不正确等。

操作提示

检查丝杠和导轨润滑；检查在垂直轴上的平衡作用；检查并调节导轨夹条；检查导轨盖是否咬着；检查控制器补偿。

6）正反向交叉线。正反向交叉线是指正向（向外）运行产生负坡度，而反向（向内）运行则产生正坡度。这是丝杠扭转的一个特殊例子，其中单向线性误差补偿和单反向值已在控制器中设置。

7）锯齿形。锯齿形是指在整个测试过程中误差都呈增加的趋势，甚至在设为基准值或零的轴线位置上误差还在增加。出现此锯齿形的可能原因有：丝杠误差、光学镜组的热漂移；机械故障、编码器反馈不可靠。

操作提示

假如误差很小（几个微米），可以在光学镜组彼此靠近时设为基准值并重做测试。在开始测试之前确保光学镜组已有充分的时间适应环境温度，并让机床预热。假如温度或其他环境条件在测试期间发生变化，则可能的原因是激光设为基准值时由于固定和移动光学镜组之间有间隙而引起丝杠误差。要确保在重新测试之前，尽可能降低丝杠误差的可能性。针对由光学镜组适应环境引起的热漂移问题，在重新测试之前，要确保光学镜已有足够的时间适应环境温度。雷尼绍光学镜组引起这种误差的可能性较小，这是由于镜组的制作材料是铝，能够比钢更快地适应环境。

8）花瓣形。误差随时间和间隔不断增加使线出现花瓣形。导致花瓣形的可能原因有：材料温度传感器定位不正确或者膨胀系数不正确；滚珠丝杠在测试期间温度改变，机床温度改变。

操作提示

安装滚珠丝杠的端部可能正好与行程起始点重合，并且可在另一端产生轴向浮动。假如滚珠丝杠在对端受到限制，图形将显示负坡度。

9）三角形。三角形曲线是指误差呈线性增加，误差在行程最远端机床反转时出现跃升，然后在回程测试回到与轴线起始点时回到同样位置上。出现三角形的可能原因是在轴线外端部因导轨磨损而出现偏转。应当留意的是，反向反射镜的位置对显示的误差有明显影响。建议使用角度光学镜组直接测量偏转角，以便对偏转的严重程度有充分的了解。

10）台阶形。出现台阶形的可能原因在机床方面：大机床上各齿条段对准不佳或装配不佳，或线性编码器或感应式测量器分段对准不佳或装配不佳。

操作提示

在装备有齿条和齿轮传动机构的大型机床上，齿条由很多分别装配在机床上的单独分段组成，必须确保每段都正确地与其他段对准，保证齿轮能够平滑地从一段转到下一段。假如齿条段未正确对准，传动齿轮在经过对准不佳的接合点时可能发生偏转。这种偏转会导致测量值出现突跃台阶。这种问题可以通过检查每个齿条段的长度和相对位置，并与图形数据比较来查明。

综上分析可以看出，除机床本身精度不佳会带来上述各种误差外，激光干涉仪操纵不当（包括精度不够稳定或采用自身对温度影响比较敏感的激光干涉仪系统）也会带来较大误差。

（6）数控机床的试运行

1）空运转试验

①主运动从低速到高速依次运转，每级运转时间不少于 2 min，最高速时间不少于 1 h，使主轴达热平衡后，主轴温度不超过 60°，温升不超过 30°。

②进给运动轴低、中、高进给和快速运动平衡可靠，高速无振动，低速无爬行。

③有级传动的各级主轴转速和进给量的实际偏差小于 -2% ~6%，无级变速的各级主轴转速和进给量的实际偏差小于 ±10%。

④整机噪声声压级不超过 83 dB（A）。

2）连续空运转试验。采用包括机床各种主要功能在内的数控程序，操作机床各部件进行连续空运转，时间不少于 48 h。运转应正常、平稳、可靠、无故障。

任务实施

一、任务准备

实施本任务所需要的精度测量工具见表 3—2—2。

表 3—2—2　　　　　　　　　　　　机床精度测量工具

序号	名称	型号、规格	数量
1	铣床	VM320	1
2	千分表	含磁性表座	1
3	激光干涉仪	ML-10	1
4	步距规		1
5	球杆仪	QC10	1

二、掌握 VM320 各轴的精度测量方法

1. 在指导教师的指导下，对 VM320 型数控铣床进行测量，并正确填写表 3—2—3。

表 3—2—3　　　　　　　　　　VM320 型数控铣床轴线定位精度

序号	检验项目	测量值
1	X 轴定位精度	
2	X 轴重复定位精度	
3	Y 轴定位精度	
4	Y 轴重复定位精度	
5	Z 轴定位精度	
6	Z 轴重复定位精度	
7	X 轴反向间隙	
8	Y 轴反向间隙	
9	Z 轴反向间隙	
10	主轴检测	

2. 任务实施

（1）对主轴进行 JOG 模式的操作。

（2）对进给轴 $X/Y/Z$ 轴进行 JOG 模式的操作。

（3）观察各轴运动时出现的现象。

操作提示

1. 操作前先对测量仪器进行鉴定，判断其是否能满足使用要求。

2. 校准测量仪器。

3. 安装测量工具。

任务测评

完成操作任务后，学生先按照表3—2—4进行自我测评，再由指导教师评价审核。

表3—2—4   评分标准

序号	项目	考核内容及要求	配分	评分标准	扣分	得分
1	X轴的测量	掌握X轴精度测量方法	25	X轴的定位精度是否测量准确，不准扣10分 X轴的重复定位精度是否测量准确，不准扣8分 X轴的反向间隙是否测量准确，不准扣7分		
2	Y轴的测量	掌握Y轴精度测量方法	25	Y轴的定位精度是否测量准确，不准扣10分 Y轴的重复定位精度是否测量准确，不准扣8分 Y轴的反向间隙是否测量准确，不准扣7分		
3	Z轴的测量	掌握Z轴精度测量方法	25	Z轴的定位精度是否测量准确，不准扣10分 Z轴的重复定位精度是否测量准确，不准扣8分 Z轴的反向间隙是否测量准确，不准扣7分		
4	设备操作规程	熟悉设备的操作规程	10	是否能熟练地操作设备，不能的每条扣2分		
5	仪器仪表的使用方法	正确使用各类仪器仪表	10	是否能掌握各仪器仪表的使用方法，不会的每种扣3分		
6	安全文明生产	符合机床安全文明生产的有关规定	5	违反安全文明生产有关规定不得分		
指导教师评价					总得分	

思考与练习

一、填空题（将正确答案填在横线上）

1. 我国已制定数控立式铣床升降台铣床的专业标准，其直线运动坐标的定位精度为_____，重复定位精度为_____，铣圆精度为_____。

2. 数控铣床的加工范围包括_____和_____。

3. VM320型数控铣床安装顺序是先装_____，然后装_____，最后装_____。

4. 数控机床精度检测的仪器有_____、_____和_____。

5. 数控机床连续空转运行时间不少于_____。运转应_____、_____、_____、_____。

6. VM320主要由_____、_____、_____、_____和_____部分组成。

二、选择题（将正确答案的序号填在括号里）

1. VM320 型数控铣床的冷却系统由（　　）组成。
   A. 冷却泵、出水管、回水管、开关及喷嘴等
   B. 冷却泵、分油器、节流阀、油管等
   C. 冷却泵、出水管、节流阀、油管等
   D. 水泵电动机、断路器、交流接触器

2. 铣刀一般由（　　）提供。
   A. 供货方　　　　　　B. 客户　　　　　C. 委托第三方　　　　　D. 都不是

3. 关于铣刀类型的选择，以下说法不正确的是（　　）。
   A. 铣小平面或台阶面时一般采用通用铣刀
   B. 铣键槽时，为了保证槽的尺寸精度，一般用两刃键槽铣刀
   C. 孔加工时，可采用钻头、镗刀等孔加工类刀具
   D. 铣大的平面时用四刃铣刀

4. 铣床的主要功能不包括（　　）。
   A. 点位控制功能　　　　　　　　　B. 刀具长度补偿功能
   C. 连续控制功能　　　　　　　　　D. 梯形图功能

5. VM320 机械本体的维修技巧有（　　）。
   A. 先内部后外部　　　　　　　　　B. 自诊断功能法
   C. 高精度主轴检验心棒　　　　　　D. 先机械后电气

三、判断题（将判断结果填入括号中，正确的填"√"，错误的填"×"）

1. 定位精度指数控机床的运动部件在同样条件下在某点定位时，定位误差的离散度大小。　　（　　）
2. 步距规不是数控机床的精度检测仪器。　　（　　）
3. 主轴空运转试验时主轴温度必须超过 60°，温升不低于 30°。　　（　　）
4. 机床在精度测量时，工作台回转值可能忽略不计。　　（　　）
5. 加工零件时，必须关上防护门，不准把头、手伸入防护门内，加工过程中不允许打开防护门。　　（　　）

四、简答题

1. 简述激光干涉仪的主要作用。
2. 何为机床位置精度？
3. 画出 VM320 型数控铣床的安装流程图。

任务三　　VM320 型主轴传动装置结构及装调

学习目标

1. 认识主轴装置。

2. 掌握主轴的安装要领。

3. 掌握主轴的机械维修技巧。

任务导入

主轴是数控机床的核心设备之一，担负着从机床电动机接受动力并将之传递给其他机床部件的重要责任。工作中，要求主轴必须在承担一定的荷载量，以及保持适当的旋转速度的前提条件下，带动在其控制范围之内的工件或者刀具，绕主轴旋转中心线进行精确、可靠而又稳定的旋转。主轴的旋转精度直接决定了机床的加工精度。VM320 型数控铣床的主轴装置不同于数控车床，它依托于垂直轴即 Z 轴，两者密不可分。当主轴出现问题时，要想快速恢复设备的功能，必须掌握主轴机械结构、控制思路及要点，这样在维修时能迅速找到故障点，快速排除，本次主要任务是全面掌握数控主轴的安装要领和维修技巧。

相关知识

一、主轴的机械组成

1. 主轴箱

主轴箱包括主轴箱体和主轴传动系统，用于装夹刀具并带动工具旋转。主轴转速范围和输出扭矩对加工有直接的影响。

2. 主轴电动机

主轴采用三相笼型异步电动机，额定电压 AC380 V，额定频率 50 Hz，额定功率 0.55 kW，额定转速 1 440 r/min。

3. 主轴拉杆及铣夹头

主轴拉杆是用于连接主轴电动机与铣夹头的直杆。

二、主轴电动机的选型

1. 根据电动机安装地点的周围环境来选择电动机的形式

电动机的常见形式有防护式和封闭式两种。防护式电动机的通风性能较好，价格低，适合环境干燥、灰尘少的地方采用；如果灰尘较多，水滴飞溅，应采用封闭式电动机。另外，还有一种密封式电动机，可以在水里工作，电动潜水泵就采用这种电动机。

2. 根据使用负荷情况，选择电动机的功率

电动机的功率一般应为生产机械功率的 1.1 ~ 1.5 倍。如果功率选择过大，不仅增加投资，同时也降低了机械效率，增加了生产成本。如果功率选择过小，电动机长期承受过大负荷，会使温度上升过高而损坏绝缘，缩短电动机的使用寿命。

3. 根据工作机械的转速要求以及传动方式选择电动机

转速配套原则是使电动机和生产机械都在额定转速下运行，两者的传动方式相同。

三、主轴电动机的运行标准

三相异步电动机运行正常的基本标准如下：

1. 在三相电源平衡时，三相电流中任一相与三相平均值的偏差不应超过 10%。

2. 在环境温度不超过 40℃时，运行中电动机的最高允许温升值应符合表 3—3—1 的规定。

表 3—3—1   电动机最高允许温升值

电动机部位	A 级绝缘（℃）	E 级绝缘（℃）	B 级绝缘（℃）	F 级绝缘（℃）	H 级绝缘（℃）
定子绕组	50	65	70	85	105
定子铁芯	60	70	80	100	125
滚动轴承	55	55	55	55	55

当环境温度为 40~60℃时，上表中规定的最高允许温升值应减去环境温度超过 40℃ 的数值。

3. 电动机在运行时的振动值（双振幅）应不大于表 3—3—2 的规定。

表 3—3—2   电动机的振动值

同步转速（r/min）	3 000	1 500	1 000	750 以下
双振幅（mm）	0.05	0.085	0.1	0.12

4. 电动机轴伸的径向偏摆最大允许值应不大于表 3—3—3 的规定。

表 3—3—3   电动机轴伸径向偏摆

轴伸公称直径	最大允许偏摆	轴伸公称直径	最大允许偏摆	轴伸公称直径	最大允许偏摆
10~18 mm	0.03 mm	30~50 mm	0.05 mm	80~120 mm	0.08 mm
18~30 mm	0.04 mm	50~80 mm	0.06 mm		

5. 三相异步电动机在额定电压变化 ±5% 以内时，可按额定功率连续运行，如果电压变化超过 5% 时，应减少电动机允许的负载。由变频器拖动的三相异步电动机，当运行频率低于额定频率时，变频器的输出电压也会低于额定电压，此时的输出功率也会低于额定功率。

四、主轴装置的电动机检修

主轴机械的维修工作主要集中在三相异步电动机上，下面以电动机的常见故障进行分析，三相异步电动机常见故障与处理方法见表 3—3—4。

表 3—3—4   三相异步电动机的常见故障与处理办法

序号	故障现象	故障原因	检查方法
1	电动机不能启动	（1）电源未接通 （2）熔断器熔丝烧断 （3）控制线路接线错误 （4）定子或转子绕组断路 （5）定子绕组相间短路或接地 （6）负载过重或机械部分被卡住 （7）热继电器规格不符或调得太小，或过电流继电器调得太小	（1）检查电源电压、开关、线路、触头、电动机引出线头，查出后修复 （2）先检查熔丝烧断原因并排除故障，再按电动机容量，重新安装熔丝 （3）根据原理图、接线图检查线路是否符合图样要求，查出错误后纠正 （4）用万用表、兆欧表或串灯法检查绕组，如属断路，应找出断开点，重新连接 （5）检查电动机三相电流是否平衡，用兆欧表检查绕组有无接地，找出故障点修复

序号	故障现象	故障原因	检查方法
1	电动机不能启动	（8）电动机△联结误接成丫联结，使电动机重载下不能启动 （9）定子绕组接线错误	（6）重新计算负载，选择容量合适的电动机或减轻负载，检查机械传动机构有无卡住现象，并排除故障 （7）选择整定电流范围适当的热继电器，并根据电动机的额定电流，重新调整 （8）根据电动机上铭牌重新接线 （9）重新判断绕组头尾端，正确接线
2	电动机启动时熔丝被熔断	（1）单相启动 （2）熔丝截面积过小 （3）一相绕组对地短路 （4）负载过大或机械卡住 （5）电源到电动机之间连接线短路 （6）绕线转子电动机所接的启动电阻太小或被短路	（1）检查电源线、电动机引出线、熔断器、开关、触头，找出断线或假接故障并排除 （2）重新计算，更换熔丝 （3）拆修电动机绕组 （4）将负载调至额定值，并排除机械故障 （5）检查短路点后进行修复 （6）消除短路故障或增大启动电阻
3	通电后电动机嗡嗡响不能启动	（1）电源电压过低 （2）电源缺相 （3）电动机引出线头尾接错或绕组内部接反 （4）△联结绕组误接成丫联结 （5）定子转子绕组短路 （6）负载过大或机械被卡住 （7）装配太紧或润滑脂硬 （8）改极重绕时，楔槽配合选择不当	（1）检查电源电压质量，与供电部门联系解决 （2）检查电源电压、熔断器、接触器、开关，某相是否断线或假接，进行修复 （3）在定子绕组中通入直流电，检查绕组极性，判断绕组头尾是否正确、重新接线 （4）将丫联结改回△联结 （5）找出断路点进行修复，检查绕线转子电刷与集电环接触状态，检查启动电阻有无断路或电阻过大 （6）减轻负载，排除机械故障或更换电动机 （7）重新装配，更换油脂 （8）选择合理绕组形式和节距，适当车小转子直径；重新计算绕组参数
4	电动机启动困难，加额定负载时转速低于额定值	（1）电源电压过低 （2）△联结绕组误接成丫联结 （3）绕组头尾接错 （4）笼型转子断条或开焊 （5）负载过重或机械部分转动不灵活 （6）笼型转子电动机启动变阻器接触不良 （7）定、转子绕组部分绕组接错或接反 （8）电刷与集电环接触不良 （9）绕线式转子一相断路 （10）重绕时匝数过多	（1）用电压表或万用表检查电源电压，且调整电压 （2）将丫联结改回△联结 （3）重新判断绕组头尾并正确接线 （4）找出断条或开焊处，进行修理 （5）减轻负载或更换电动机，改进机械传动机构 （6）检修启动变阻器的接触电阻 （7）纠正接线错误 （8）改善电刷与集电环的接触面积，调整电刷压力 （9）找出断路处，排除故障 （10）按正确绕组匝数重绕

续表

序号	故障现象	故障原因	检查方法
5	电动机运行时有杂音	（1）电源电压过高或不平衡 （2）定、转子铁芯松动 （3）轴承间隙过大 （4）轴承缺少润滑脂 （5）定、转子相擦 （6）风扇碰风扇罩或风道堵塞 （7）转子擦绝缘纸或槽楔 （8）各相绕组电阻不平衡，局部有短路 （9）定子绕组接错 （10）改极重绕时，槽楔配合不当 （11）重绕时每相匝数不等 （12）电动机单相运行	（1）调整电压或与供电部门联系解决 （2）检查振动原因，重新压铁芯，进行处理 （3）检查或更换轴承 （4）清洗轴承，增加润滑脂 （5）正确装配，调整气隙 （6）修理风扇罩，清理通风道 （7）剪修绝缘纸或检修槽 （8）找出短路处，进行局部修理或更换线圈 （9）重新判断头尾，正确接线 （10）校验定、转子槽楔配合 （11）重新绕线，改正匝数 （12）检查电源电压、熔断器、接触器、电动机接线
6	绝缘电阻低	（1）绕组绝缘受潮 （2）绕组粘满灰尘、油垢 （3）绕组绝缘老化 （4）电动机接线板损坏，引出线绝缘老化破裂	（1）进行加热烘干处理 （2）清理灰尘、油垢，并进行干燥、浸渍处理 （3）可清理干燥、涂漆处理或更换绝缘 （4）重包引线绝缘，修理或更换接线板
7	电动机外壳带电	（1）电源线与地线接错，且电动机接地不好 （2）绕组受潮，绝缘老化 （3）引出线与接线盒相碰接地 （4）线圈端部顶端接地	（1）纠正接线错误，机壳应可靠地与保护地线连接 （2）对绕组进行干燥处理，绝缘老化的绕组应更换 （3）包扎或更换引出线 （4）找出接地点，进行包扎绝缘和涂漆，并在端盖内壁垫绝缘纸
8	电动机运行时振动过大	（1）基础强度不够或地脚螺钉松动 （2）传动带轮、靠轮、齿轮安装不合适，配合键磨损 （3）轴承磨损，间隙过大 （4）气隙不均匀 （5）转子不平衡 （6）铁芯变形或松动 （7）转轴弯曲 （8）扇叶变形，不平衡 （9）笼型转子断条，开焊 （10）绕线转子绕组短路 （11）定子绕组短路、断路、接地连接错误等	（1）将基础加固或加弹簧垫，紧固螺丝 （2）重新安装，找正、更换配合键 （3）检查轴承间隙，更换轴承 （4）重新调整气隙 （5）清扫转子紧固螺钉，校正动平衡 （6）校铁芯，重新装配 （7）校正转轴找直 （8）校正扇叶，找动平衡 （9）进行补焊或更换笼条 （10）找出短路处，排除故障 （11）找出故障处，排除故障

序号	故障现象	故障原因	检查方法
9	电动机三相空载电流增大	(1) 电源电压过高 (2) Y联结电动机误接成△联结 (3) 气隙不均匀或增大 (4) 电动机装配不当 (5) 大修时，铁芯过热灼损 (6) 重绕时，线圈匝数不够	(1) 检查电源电压，与供电部门联系解决 (2) 将绕组改为Y联结 (3) 调整气隙 (4) 检查装配情况，重新装配 (5) 检修铁芯或重新设计和绕制绕组进行补偿 (6) 增加绕组匝数
10	电动机空载或负载时电流表指针来回摆动	(1) 笼型转子断条或开焊 (2) 笼型转子电动机有一相电刷接触不良 (3) 笼型转子电动机集电环短路装置接触不良 (4) 绕线式转子一相断路	(1) 检查断条或开焊处并进行修理 (2) 调整电刷压力，改善电刷与集电环接触面 (3) 检修或更换短路装置 (4) 找出断路处，排除故障
11	电动机轴承发热	(1) 润滑脂过多或过少 (2) 油质不好，含有杂质 (3) 轴承磨损，有杂质 (4) 油封过紧 (5) 轴承与轴的配合过紧或过松 (6) 电动机与传动机构连接偏心或传动带过紧 (7) 轴承内盖偏心，与轴相擦 (8) 电动机两端盖与轴承盖安装不平 (9) 轴承与端盖配合过紧或过松 (10) 主轴弯曲	(1) 清洗后，增加润滑脂，应充满轴承室容积的 $1/2 \sim 2/3$ (2) 检查油内有无杂质，更换符合要求的润滑脂 (3) 更换轴承，对含有杂质的轴承要清洗，换油 (4) 修理或更换油封 (5) 检查轴的尺寸公差，过松时用树脂粘合，过紧时进行车加工 (6) 校正转动机构中心线，并调整传动带的张力 (7) 修理轴承内盖，使与轴的间隙适合 (8) 安装时，使端盖和轴承盖止口平整装入，然后再旋紧螺钉 (9) 过松时要镶套，过紧时要进行车加工 (10) 矫直弯轴
12	电动机空载电流不平衡，并相差很大	(1) 绕组头尾接错 (2) 电源电压不平衡 (3) 绕组有匝间短路，某线圈组接反 (4) 重绕时，三相线圈匝数不一样	(1) 重新判断绕组头尾，改正接线 (2) 检查电源电压，找出原因并排除 (3) 检查绕组极性，找出短路点，改正接线和排除故障 (4) 重新绕制线圈

续表

序号	故障现象	故障原因	检查方法
13	电动机过热或冒烟	（1）电源电压过高或过低 （2）电动机过载运行 （3）电动机单相运行 （4）频繁启动和制动及正反转 （5）风扇损坏，风道阻塞 （6）环境温度过高 （7）定子绕组匝间或相间短路，绕组接地 （8）绕组接线错误 （9）大修时曾烧铁芯，铁耗增加 （10）定、转子铁芯相擦 （11）笼型转子断条或绕线转子绕组接地松开 （12）进风温度过高 （13）重绕后绕组浸渍不良	（1）检查电源电压，与供电部门联系解决 （2）检查负载情况，减轻负载或增加电动机容量 （3）检查电源、熔丝、接触器，排除故障 （4）正确操作，减少启动次数和正反向转换次数，或更换合适的电动机 （5）修理或更换风扇，清除风道异物 （6）采取降温措施 （7）找出故障点，进行修复处理 （8）△联结电动机误接成丫，或丫联结电动机误接成△，纠正接线错误 （9）做铁芯检查试验，检修铁芯，排除故障 （10）正确装配，调整间隙 （11）找出断条或松脱处，重新补焊或扭紧固定螺钉 （12）检查冷却水装置及环境温度是否正常 （13）要采用二次浸漆工艺或真空浸漆措施

五、主轴旋转精度的检测

1. 主轴旋转精度的定义

机床主轴精度大小是以其瞬时旋转中心线与理想旋转中心线的相对位置来决定的。在正常工作旋转时，由于主轴、轴承等的制造精度和装配、调整精度，主轴的转速、轴承的设计和性能以及主轴部件的动态特征等机械原因，主轴的瞬时旋转中心线往往会与理想旋转中心线在位置上产生一定的偏离，由此产生的误差就是主轴在旋转时的瞬时误差，也称为旋转误差。而瞬时误差的范围大小，就代表主轴的旋转精度。加工过程中，主轴可能会沿与轴垂直的方向发生径向跳动，沿轴方向发生轴向窜动或以轴上某点为中心，发生角度摆动，这些运动都会降低主轴的旋转精度。

实际生产中，常常用安装于主轴前端的刀具或工件部位的定位面发生的三种运动的运动幅度来衡量和描述主轴精度，这三种运动分别是径向跳动、端面跳动和轴向窜动。主轴在工作转速时的旋转精度，也称为运动精度。

目前，我国已经制订并推行了国内统一的通用机床旋转精度检验标准，根据加工对象的精度要求确定不同的主轴精度标准。

2. 主轴检验工具

（1）锥度检验棒。锥度检验棒用于检查工具圆锥的精确性，高精度的锥柄检验棒适用于机床和精密仪器主轴与孔的锥度检查。检验棒应置于清洁干燥处存放，以便下次使用。锥柄检验棒采用优质碳素工具钢或地缝钢管制造加工，经多次处理，工作表面经精密切削而成，硬度高，表面质量好，精度稳定，圆柱度误差≤0.002 mm，锥度为 0.001/100。

莫氏锥度是一个锥度的国际标准，用于静配合，以精确定位。由于锥度很小，利用摩擦力的原理，可以传递一定的扭矩，又因为是锥度配合，所以方便拆卸。铣镗床的锥柄常用型号为 BT（JT、ISO）40/50/60，锥度都是 7∶24，主要是定位、快换刀具自动换刀。

主轴检验棒的结构如图 3—3—1 所示。主轴检验棒由两部分组成，即工具锥柄和检测端圆棒。

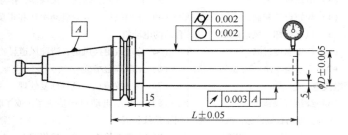

图 3—3—1   主轴检验棒结构

（2）百分表。数控机床的检验方法为：固定百分表，使其测头触及插入主轴锥孔中的专用检验棒的端面中心处，旋转主轴检验。百分表读数的最大差值，就是主轴轴向窜动误差。数控机床主轴轴向窜动允差为 0.01 mm。

3. 主轴全跳动公差

全跳动公差是要素绕基准轴线作无轴向移动的连续多周旋转，同时指示器沿被测要素的理想轮廓作相对移动时，在整个表面上所允许的最大跳动量。全跳动误差是指被测实际要素绕基准轴线作无轴向移动的连续回转，同时指示器沿理想要素线连续移动，由指示器在给定方向上测得的最大与最小读数之差。它可以分为轴向全跳动误差和径向全跳动误差。检测径向全跳动误差时，使指示器测头在法线方向上与被测表面接触，连续转动被测零件，同时使指示器测头沿基准轴线的方向作直线运动。在整个测量过程中观察指示器的示值变化，取指示器读数的最大差值，作为该零件的径向全跳动误差。

4. 主轴精度的测量和评定

静态测量和评定法是一种在低速旋转环境下测定主轴旋转精度的方法，又称为打表法。具体操作流程是，在无载荷条件下手动缓慢转动主轴，或控制主轴进行低速转动，利用千分表进行测量，测出最大读数和最小读数，计算出二者之差，即为主轴的旋转精度。由于静态测量是在低速旋转环境下，而不是在主轴实际工作速度下进行的测量，因此并不能够反映出真正的主轴旋转精度。

动态测量和评定法是一种在主轴实际的工作转速之下，采用非接触式测量装置，测出主轴旋转运动精度误差的方法，包括主轴振动及高速旋转时的运动精度误差。这种测量方法能够比较真实、全面地反映主轴的旋转精度。目前已普遍采用的测量方法是：将一个标准圆球安装在主轴上，再将两个位移传感器以互成直角的方式，安装在主轴运动的两个敏感方向上。主轴旋转时，两个位移传感器同时测量回旋轴在不同敏感方向上的误差信息。测量信号经放大后，由信号分析仪器或电子计算机进行处理，将结果输出到示波器上，或绘制出相应的误差图形曲线。

任务实施

一、任务准备

实施本任务所需要的实训设备及工具材料见表3—3—5。

表3—3—5　　　　　　　　　　　实训设备及工具材料表

序号	零部件与工具	型号、规格	备注
1	主电动机		
2	安装螺钉		
3	电动机底板	M01-06210B	
4	主电动机带轮及带轮挡边	5M/36Z M01-06211 M01-06212	
5	平键	GB/T 1096-2003 5×5×25	
6	电动机带轮压盖	M01-06213	
7	主轴套筒	M01-06102	
8	主轴箱	M01-06101	
9	主轴单元		
10	拉钉	M01-06202	
11	调整螺钉	M01-06208	
12	镶条	M01-06209	
13	右压板及安装螺钉	M01-06104 GB/T 70.1-2008 M6×20	
14	左压板及安装螺钉	M01-06103 GB/T 70.1-2008 M6×20	
15	安装工具	1批	

二、熟悉主轴机械的结构及各零部件的位置

1. 主轴装配图（见图3—3—2）

2. 主轴安装步骤

（1）主轴安装。先将轴承镶装在主轴套筒上，然后是将两件锥形滚柱式轴承背靠背到轴肩底部，最后是深沟球轴承。把主轴套筒镶入主轴箱体，并用锁紧螺母锁紧，要求主轴无轴向窜动，测量轴向移动量≤0.005 mm。

（2）主轴箱安装。把主轴箱从上向下，让燕尾槽在燕尾导轨上滑下，紧固电动机座在支承座上。

（3）插入斜铁，位置在有孔的燕尾槽一侧，并用调整螺栓定位两端，转动丝杠调整斜铁，位置在带孔的燕尾槽一侧，并用调整螺栓定位两端，转动丝杠调整斜铁纵向位置，使滑座与导轨间隙适中。

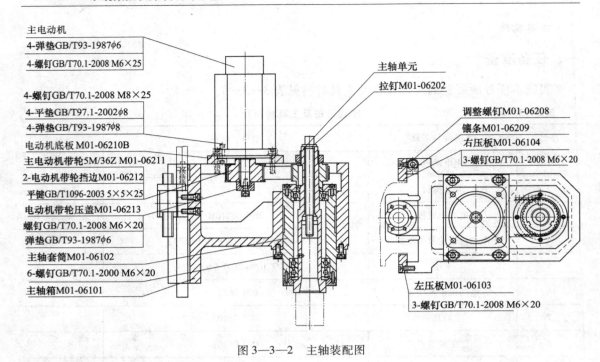

主电动机
4-弹垫GB/T93-1987φ6
4-螺钉GB/T70.1-2008 M6×25

4-螺钉GB/T70.1-2008 M8×25
4-平垫GB/T97.1-2002φ8
4-弹垫GB/T93-1987φ8
电动机底板M01-06210B
主电动机带轮5M/36Z M01-06211
2-电动机带轮挡边M01-06212
平键GB/T1096-2003 5×5×25
电动机带轮压盖M01-06213
螺钉GB/T70.1-2008 M6×20
弹垫GB/T93-1987φ6
主轴套筒M01-06102
6-螺钉GB/T70.1-2000 M6×20
主轴箱M01-06101

主轴单元
拉钉M01-06202

调整螺钉M01-06208
镶条M01-06209
右压板M01-06104
3-螺钉GB/T70.1-2008 M6×20

左压板M01-06103
3-螺钉GB/T70.1-2008 M6×20

图 3—3—2　主轴装配图

3. 主轴的调整及精度检测

根据上述所学的知识，完成表 3—3—6 中的数据测量。

表 3—3—6　　　　　　　　　　主轴精度检测

序号	检验项目	测量值
1	主轴轴向窜动量	
2	主轴定位精度	
3	主轴平行度	

任务测评

完成操作任务后，学生先按照表 3—3—7 进行自我测评，再由指导教师评价审核。

表 3—3—7　　　　　　　　　　评分标准

序号	项目	考核内容及要求	配分	评分标准	扣分	得分
1	材料准备	主轴装置材料准备	15	材料准备每漏一项扣 1 分		
2	装配图的解读	学会看图和识图	25	是否能看懂主轴装配图，每错一处扣 5 分		
3	安装步骤	掌握安装的基本方法	25	是否掌握主轴的安装步骤，每错一步扣 8 分		
4	调整方法	掌握主轴的调试方法	25	是否掌握主轴的调试方法，每错一处扣 8 分		
5	安全文明生产	应符合机床安全文明生产的有关规定	10	违反安全文明生产有关规定不得分		
指导教师评价					总得分	

思考与练习

一、填空题（将正确答案填在横线上）

1. 电动机的功率一般应为生产机械功率的_____倍。

2. 三相异步电动机在额定电压变化_____以内时，可按额定功率连续运行，当电压变化超过_____时，应减少电动机允许的负载。

3. 一般的电动机运行_____左右，即应补充或更换润滑脂，运行中发现轴承过热或润滑油变质时，应及时换润滑油。

4. 莫氏锥度是一个锥度的_____，用于静配合，以_____。由于锥度很小，利用摩擦力的原理，可以传递一定的扭矩，又因为是锥度配合，所以方便拆卸。

二、选择题（将正确答案的序号填在括号里）

1. 电动机三相空载电流增大的原因有（　　　）。
   A. 电源电压过高   B. Y联结电动机误接成△联结
   C. 电动机装配不当   D. 重绕时，线圈匝数不够

2. 主轴电动机的选型要求有（　　　）。
   A. 根据电动机安装地点的周围环境来选择电动机的形式
   B. 根据使用负荷情况，选择电动机的功率
   C. 根据工作机械的转速要求以及传动方式选择电动机
   D. 以上都对

3. 主轴装置的维护保养包括（　　　）。
   A. 主轴电动机的使用方法   B. 主轴电动机的日常维护保养
   C. 主轴装置的精度调整   D. 以上全是

4. 三相电动机的检修方法有（　　　）。
   A. 测量绕组的直流电阻   B. 检查轴承
   C. 检修接地   D. 测量绕组的绝缘电阻

三、判断题（将判断结果填入括号中，正确的填"√"，错误的填"×"）

1. 电动机轴承的润滑脂填满量应超过轴承盒容积的70%，不得少于容积的20%。
（　　　）

2. 更换绕组时必须记下原绕组的形式、尺寸及匝数、线规等。（　　　）

3. 把主轴箱从上往下，让燕尾槽在燕尾导轨上滑下，紧固电动机座在支承座上。
（　　　）

4. 检测径向全跳动误差时，使指示器测头在法线方向上与被测表面接触，连续转动被测零件，同时使指示器测头沿基准轴线的方向作圆形运动。（　　　）

5. 主轴定位不是主轴检验基准项。（　　　）

四、简答题

1. 简述主轴的维修与保养。
2. 主轴的检测工具除了书中提到的还有哪些？

任务四　VM320 型进给轴传动装置结构及装调

学习目标

1. 认识 VM320 型进给轴的机械结构。
2. 掌握 VM320 型进给轴的机械安装步骤。
3. 掌握 VM320 型进给轴的维修方法。

任务导入

在数控铣床上带动进给轴作联动时，它的动力机构是进给伺服，由进给电动机和进给执行机构组成，按照程序设定的进给速度实现刀具和工件之间的相对运动，包括直线运动和旋转运动。

进给轴是数控铣床的重要组成部分，它组装的好坏直接影响到机床的精度，最终影响到加工件的合格率。本任务着重介绍铣床进给轴的结构、组装、调试、精度检测等。

相关知识

一、VM320 型进给轴的机械组成

1. 进给伺服电动机

（1）初识伺服电动机。伺服电动机由电动机和编码器组成，如图 3—4—1 所示，它通过联轴器与滚珠丝杠紧密地连接在一起，然后带动丝杆作回转运动。

它同时配备两根电缆，一根为动力线，一根为编码器线。动力线是一根橘黄色的军规接头（4 针的母头），如图 3—4—2 所示，是西门子的标准配置，连接时打开防尘保护盖即可。伺服电动机端也是如此操作。

图 3—4—1　伺服电动机示意图

图 3—4—2　伺服电动机动力线

编码器线是一根草绿色军规接头（15 针母头），如图 3—4—3 所示，是西门子标准配置，连接时打开防尘保护盖即可。伺服电动机端也是如此操作。

（2）伺服电动机工作原理。数控伺服电动机控制系统逐步取代传统电子马达控制系统而成为数控机床驱动系统的主流技术。越来越多的数控加工企业大量采用这种省电、免维修、低噪声、尺寸小的新型电动机控制系统，这已是大势所趋。

伺服电动机控制器可以对电动机实现精确的力矩控制，其速度控制和位置控制可以直接通过数字控制来实现。这样进给轴的力矩控制、速度控制和位置控制可以直接通过电动机轴传动到丝杆上，其性能、反应速度和稳定性都明显优于电子马达控制器。尤其是

图 3—4—3　伺服电动机编码器线

采用了高性能稀土永磁材料的伺服电动机，其出力大，惯性小，启停动态性能特别好，有助于提高生产率和机加工件的质量。伺服电动机控制示意图如图 3—4—4 所示。

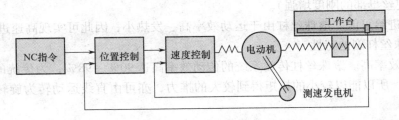

图 3—4—4　伺服电动机控制示意图

（3）伺服电动机的主要特点

1）精度。实现了位置、速度和力矩的闭环控制；克服了步进电动机失步的问题。

2）转速。高速性能好，一般额定转速能达到 2 000 ~ 3 000 r/min。

3）适应性。抗过载能力强，能承受三倍于额定转矩的负载，对有瞬间负载波动和要求快速启动的场合特别适用。

4）平稳性。低速运行平稳，低速运行时不会产生类似于步进电动机的步进运行现象，适用于有高速响应要求的场合。

5）稳定及时性。电动机加减速的动态响应时间短，一般在几十毫秒之内。

6）舒适性。发热和噪声明显降低。

简单来说就是：平常看到的那种普通的电动机，断电后还会因为自身的惯性再转一会儿，然后停下。而伺服电动机和步进电动机是说停就停，说走就走，反应极快。

2. 滚珠丝杠

（1）滚珠丝杠的特性。滚珠丝杠是将回转运动转化为直线运动，或将直线运动转化为回转运动的理想产品。

滚珠丝杠由螺杆、螺母和滚珠组成。它的功能是将旋转运动转化成直线运动，这是滚珠螺丝的进一步延伸和发展，这项发展的重要意义就是将轴承从滚动动作变成滑动动作。由于

具有很小的摩擦阻力，滚珠丝杠被广泛应用于各种工业设备和精密仪器。

滚珠丝杠是工具机和精密机械上最常使用的传动元件，其主要功能是将旋转运动转换成线性运动，或将扭矩转换成轴向反复作用力，同时兼具高精度、可逆性和高效率的特点。

1）与滑动丝杠副相比驱动力矩为1/3。由于滚珠丝杠副的丝杠轴与丝母之间有很多滚珠在作滚动运动，因此能得到较高的运动效率。与过去的滑动丝杠副相比，它的驱动力矩达到1/3以下，即达到同样运动结果所需的动力为使用滑动丝杠副的1/3，在省电方面很有帮助。

2）高精度的保证。滚珠丝杠副是用日本制造的世界最高水平的机械设备连贯生产出来的，特别是在研削、组装、检查各工序的工厂环境方面，对温度、湿度进行了严格的控制，由于完善的品质管理体制使精度得以充分保证。

3）微进给可能。滚珠丝杠副由于是利用滚珠运动，因此启动力矩极小，不会出现滑动运动那样的爬行现象，能保证实现精确的微进给。

4）无侧隙、刚度高。滚珠丝杠副可以加预压，由于预压力可使轴向间隙达到负值，进而得到较高的刚度（滚珠丝杠内通过给滚珠加预压力，在实际用于机械装置等时，由于滚珠的斥力可使丝母部的刚度增强）。

5）高速进给可能。滚珠丝杠由于运动效率高、发热小，因此可实现高速进给（运动）。

（2）滚珠丝杠副的特性

1）传动效率高。滚珠丝杠传动系统的传动效率高达90%～98%，为传统的滑动丝杠系统的2～4倍，所以能以较小的扭矩得到较大的推力，亦可由直线运动转为旋转运动（运动可逆）。

2）运动平稳。滚珠丝杠传动系统为点接触滚动运动，工作中摩擦阻力小、灵敏度高、启动时无颤动、低速时无爬行现象，因此可精密地控制微量进给。

3）高精度。滚珠丝杠传动系统运动中温升较小，并可预紧消除轴向间隙和对丝杠进行预拉伸以补偿热伸长，因此可以获得较高的定位精度和重复定位精度。

4）高耐用性。钢球滚动接触处均经硬化（58～63HRC）处理，并经精密磨削，循环体系过程纯属滚动，相对磨损甚微，故具有较高的使用寿命和精度保持性。

5）同步性好。由于运动平稳、反应灵敏、无阻滞、无滑移，用几套相同的滚珠丝杠传动系统同时传动几个相同的部件或装置，可以获得很好的同步效果。

6）高可靠性。与其他机械传动、液压传动相比，滚珠丝杠传动系统故障率很低，维修保养也较简单，只需进行一般的润滑和防尘。在特殊场合可在无润滑状态下工作。

7）无背隙与高刚度。滚珠丝杠传动系统采用歌德式沟槽形状使钢珠与沟槽达到最佳接触以便轻易运转。若加入适当的预紧力，消除轴向间隙，可使滚珠有更佳的刚度，减少滚珠和螺母、丝杠间的弹性变形，达到更高的精度。

（3）滚珠丝杠的安装。数控机床的进给系统要获得较高的传动刚度，除了加强滚珠丝杠螺母本身的刚度之外，滚珠丝杠正确的安装及其支承的结构刚度也是不可忽视的因素。螺母座、丝杠端部的轴承及其支承加工的不精确性和它们在受力之后的过量变形，都会对进给系统的传动刚度带来影响。因此，螺母座的孔与螺母之间必须保持良好的配合，并应保证孔对端面的垂直度，在螺母座上应当增加适当的筋板，并加大螺母座和机床结合部件的接触面积，以提高螺母座的局部刚度和接触刚度。滚珠丝杠的不正确安装以及支承结构的刚度不足，还会使滚珠丝杠的使用寿命大为下降。

为了提高支承的轴向刚度，选择适当的滚动轴承也是十分重要的。国内目前主要采用两种组合方式。一种是把向心轴承和圆锥轴承组合使用，其结构虽简单，但轴向刚度不足。另一种是把推力轴承或角接触球轴承和向心轴承组合使用，其轴向刚度有了提高，但增大了轴承的摩擦阻力和发热量，而且增加了轴承支架的结构尺寸。国外出现了一种滚珠丝杠专用轴承，其结构示意图如图 3—4—5 所示。这是一种能够承受很大轴向力的特殊角接触滚珠轴承，与一般角接触滚珠轴承相比，接触角增大到 60°，增加了滚珠的数目并相应减小了滚珠的直径。这种新结构的轴承比一般轴承的轴向刚度提高两倍以上，而且使用极为方便。这种产品成对出售，而且在出厂时已经选配好内、外环的厚度，装配时只要用螺母和端盖将内环和外环压紧，就能获得出厂时已经调整好的预紧力。

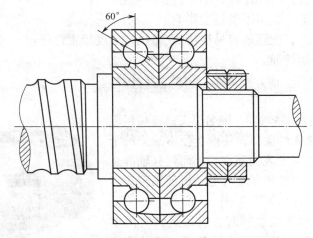

图 3—4—5　滚珠丝杠专用轴承结构示意图

在支承的配置方面，对于行程小的短丝杠可以采用悬臂的单支承结构。当滚珠丝杠较长时，为了防止热变形造成的丝杠伸长，希望一端的轴承同时承受轴向力和径向力，而另一端的轴承只承受径向力，并能够作微量的轴向浮动。由于数控机床经常要连续工作很长时间，因而应特别重视摩擦热的影响。目前也有一种两端都用止推轴承固定的结构，在它的一端装有蝶形弹簧和调整螺母，这样既能对滚珠丝杠施加预紧力，又能在补偿丝杠的热变形后保持近乎不变的预紧力。

滚珠丝杠用在垂直升降传动或水平放置的高速大惯量传动时，由于其不具有自锁性，当外界动力消失后，执行部件可在重力和惯性力作用下继续运动，因此通常在无动力状态下需要锁紧，其锁紧装置可以由超越离合器、电磁摩擦离合器等零件组成。

3. 工作台

工作台直观地说是安装在 X 轴上，而 X 轴是安装在 Y 轴上的，通过 X 轴和 Y 轴作轴向运动，从而带动工作台作来回往返运动，如图 3—4—6 所示。

按图样要求生产精度为 3 级的铣床工作台时（平面度与 T 形槽的直线度标准为国家 3 级

图 3—4—6　工作台示意图

标准，即为 2 级标准的 2 倍），平面度可用合像水平仪检测，T 形槽的直线度可用光管准直仪检测。

工作台表面的特点如下：

（1）耐潮，耐腐蚀，不用涂油，不生锈，不褪色。

（2）温度系数最低，基本不受温度影响。

（3）几乎不用保养，能迅速容易地清洁/擦拭，精度稳定性好。

（4）一律是最坚硬的面。

（5）光滑的"轴承"面，不着土，耐磨，无磁性。

4. 联轴器

（1）联轴器的选择。联轴器，顾名思义是连接伺服电动机与丝杠的，好比人的关节，使两个原本独立的个体构成生命的共同体。当发现伺服在动，而丝杠轴静止时，就要检查联轴器，它的松紧度对电动机使用寿命有很大的影响。联轴器的外形如图 3—4—7 所示。

联轴器用来把两轴连接在一起，机器运转时两轴不能分离，只有机器停车并将连接拆开后，两轴才能分离。

图 3—4—7　联轴器外形

联轴器用来连接不同机构中的两根轴（主动轴和从动轴）使之共同旋转以传递扭矩。在高速重载的动力传动中，有些联轴器还有缓冲、减振和提高轴系动态性能的作用。联轴器由两半部分组成，分别与主动轴和从动轴连接。一般动力机大都借助于联轴器与工作机相连接。

绝大多数联轴器均已标准化或规格化。设计者的任务是选用，而不是设计。选用联轴器的基本步骤为：根据传递载荷的大小、轴转速的高低、被连接两部件的安装精度、回转的平稳性、价格等，参考各类联轴器的特性，选择一种合用的联轴器类型。

具体选择时可考虑以下几点：

1）所需传递的转矩大小和性质以及对缓冲减振功能的要求。例如，对大功率的重载传动，可选用齿式联轴器；对严重冲击载荷或要求消除轴系扭转振动的传动，可选用轮胎式联轴器等具有高弹性的联轴器。

2）联轴器的工作转速高低和引起的离心力大小。对于高速传动轴，应选用平衡精度高的联轴器，例如膜片联轴器等，而不宜选用存在偏心的滑块联轴器等。

3）两轴相对位移的大小和方向。当安装调整后，难以保持两轴严格精确对中，或工作过程中两轴将产生当较大的附加相对位移时，应选用挠性联轴器。例如当径向位移较大时，可选用滑块联轴器；当角位移较大或相交两轴的连接时，可选用万向联轴器等。

4）联轴器的可靠性和工作环境。通常由金属元件制成的不需润滑的联轴器比较可靠；需要润滑的联轴器，其性能易受润滑完善程度的影响，且可能污染环境。含有橡胶等非金属元件的联轴器对温度、腐蚀性介质、强光等比较敏感，而且容易老化。

5）联轴器的制造、安装、维护和成本。在满足使用性能的前提下，应选用装拆方便、维护简单、成本低的联轴器。例如刚度联轴器不但结构简单，而且装拆方便，可用于低速、刚度大的传动轴。一般的非金属弹性元件联轴器（例如弹性套柱销联轴器、弹性柱销联轴器、梅花形弹性联轴器等），由于具有良好的综合能力，广泛适用于一般的中、小功率传动。

（2）联轴器的装配方法。在联轴器装配中，关键要掌握联轴器在轴上的装配、联轴器所连接两轴的对中、零部件的检查及按图样要求装配联轴器等环节。

1）找正的方法。联轴器找正时，主要测量同轴度（径向位移或径向间隙）和平行度（角向位移或轴向间隙），根据测量时所用工具不同有四种方法。

①利用直角尺测量联轴器的同轴度（径向位移），利用平面规和楔形间隙规来测量联轴器的平行度（角向位移）。这种方法简单，应用比较广泛，但精度不高，一般用于低速或中速等要求不太高的运行设备上，如图 3—4—8 所示。

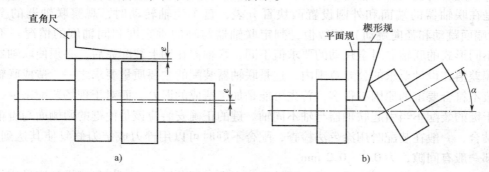

图 3—4—8　联轴器找正示意图

a）用直尺及塞尺测量联轴器径向位移　b）用平面规和楔形规测量联轴器的角向位移

②直接用百分表、塞尺、中心卡测量联轴器的同轴度和平行度。调整的方法：通常是在垂直方向加减主动机（电动机）支脚下面的垫片或在水平方向移动主动机位置。

2）联轴器在轴上的装配方法。联轴器在轴上的装配是联轴器安装的关键步骤之一。联轴器与轴的配合大多为过盈配合，连接分为有键连接和无键连接，联轴器的轴孔又分为圆柱形轴孔与锥形轴孔两种形式。装配方法有静力压入法、动力压入法、温差装配法等。

①静力压入法。这种方法是根据装配时所需压入力的大小不同，采用夹钳、千斤顶、手动或机动的压力机进行。静力压入法一般用于锥形轴孔。由于静力压入法受到压力机械的限制，在过盈较大时，施加很大的力比较困难。同时，在压入过程中会切去联轴器与轴之间配

合面上不平的微小的凸峰，使配合面受到损坏。因此，这种方法一般应用不多。

②动力压入法。这种方法是指采用冲击工具或机械来完成装配过程，一般用于联轴器与轴之间的配合是过渡配合或过盈不大的场合。装配现场通常用锤子敲打的方法，在轮毂的端面上垫放木块或其他软材料作缓冲件，依靠锤子的冲击力，把联轴器敲入。这种方法对用铸铁、淬火钢、铸造合金等脆性材料制造的联轴器有局部损伤的危险，不宜采用。这种方法同样会损伤配合表面，故经常用于低速和小型联轴器的装配。

③温差装配法。这种方法是指用加热的方法使联轴器受热膨胀或用冷却的方法使轴端受冷收缩，从而能方便地把联轴器装到轴上。这种方法与静力压入法、动力压入法相比，有较多的优点，对于用脆性材料制造的轮毂，采用温差装配法是十分合适的。温差装配法大多采用加热的方法，冷却的方法用得比较少。加热的方法有多种，有的将轮毂放入高闪点的油中进行油浴加热或焊枪烘烤，也有的用烤炉来加热，装配现场多采用油浴加热和焊枪烘烤。油浴加热能达到的最高温度取决于油的性质，一般在 200℃ 以下。采用其他方法加热轮毂时，可以使联轴器的温度高于 200℃，但从金相及热处理的角度考虑，联轴器的加热温度不能任意提高。钢的再结晶温度为 430℃，如果加热温度超过 430℃，会引起钢材内部组织上的变化，因此加热温度的上限为 430℃。为了保险，所规定的加热温度上限应为 400℃。至于联轴器实际所需的加热温度，可根据联轴器与轴配合的过盈值和联轴器加热后向轴上套装时的要求进行计算。

④装配后的检查。联轴器在轴上装配完后，应仔细检查联轴器与轴的垂直度和同轴度。一般是在联轴器的端面和外圆设置两块百分表，盘车使轴转动时，观察联轴器的全跳动（包括端面跳动和径向跳动）的数值，判定联轴器与轴的垂直度和同轴度的情况。不同转速、不同形式的联轴器对全跳动的要求值不同，联轴器在轴上装配完后，必须使联轴器全跳动的偏差值在设计要求的公差范围内，这是联轴器装配的主要质量要求之一。造成联轴器全跳动值不符合要求的原因有很多，首先可能是加工造成的误差。而对于现场装配来说，一般是由于键的装配不当引起联轴器与轴不同轴。键的正确安装应该是使键的两侧面与键槽的壁严密贴合，一般在装配时用涂色法检查，配合不好时可以用锉刀或铲刀修复使其达到要求。键顶部一般有间隙，为 0.1~0.2 mm。

高速旋转机械对于联轴器与轴的同轴度要求高，用单键连接不能得到高的同轴度，用双键连接或花键连接能使两者的同轴度得到改善。

3）联轴器的安装。联轴器安装前应先把零部件清洗干净，清洗后的零部件，需把沾在上面的油擦干。在短时间内准备运行的联轴器，擦干后可在零部件表面涂些透平油或机油，防止生锈。对于需要过较长时间投用的联轴器，应涂以防锈油保养。

对于应用在高速旋转机械上的联轴器，一般在制造厂都做过动平衡试验，动平衡试验合格后画上各部件之间互相配合方位的标记。在装配时必须按制造厂给定的标记组装，这一点是很重要的。如果不按标记任意组装，很可能发生由于联轴器的动平衡不好引起机组振动的现象。另外，这类联轴器法兰盘上的连接螺栓是经过承重的，使每一联轴器上的连接螺栓能做到质量基本一致。如大型离心式压缩机上用的齿式联轴器，其所用的连接螺栓互相之间的质量差一般小于 0.05 g。因此，各联轴器之间的螺栓不能任意互换，如果要更换某一个联轴器连接螺栓，必须使它的质量与原有的连接螺栓质量一致。此外，在拧紧联轴器的连接螺栓时，应对称、逐步拧紧，使每一个连接螺栓上的锁紧力基本一致，不至于因为各螺栓受力不均而使联轴器在装配后产生歪斜现象，有条件的可采用力矩扳手。

对于刚性可移式联轴器，在装配完后应检查联轴器的刚性可移件能否进行少量的移动，有无卡涩的现象。

各种联轴器在装配后，均应盘车，看看转动是否良好。总之，联轴器的正确安装能改善设备的运行情况，减少设备的振动，延长联轴器的使用寿命。

5. 其他部件

如滑座、安装螺钉等，它们在安装进给轴时缺一不可，这里不再详细说明了。

二、进给轴的工作原理

数控机床进行加工时，首先必须将工件的几何数据、工艺数据等加工信息按规定的代码和格式编制成数控加工程序，并用适当的方法将加工程序输入数控系统，数控系统对输入的加工程序进行数据处理，输出各种信息和指令，控制机床各部分按规定有序地动作。最基本的信息和指令包括各坐标轴的进给速度、进给方向和进给位移量、各状态控制的 I/O 信号等。数控机床的运行处于不断地计算、输出、反馈等控制过程中，从而保证刀具和工件之间相对位置的准确性。进给轴工作原理示意框图如图 3—4—9 所示。

数控机床的进给运动是通过进给伺服系统来实现的，这是数控机床区别于通用机床的重要方面之一。伺服控制的最终目的就是实现对机床工作台或刀具的位置控制。伺服系统中所采取的一切措施，都是为了保证进给运动的位置精度。

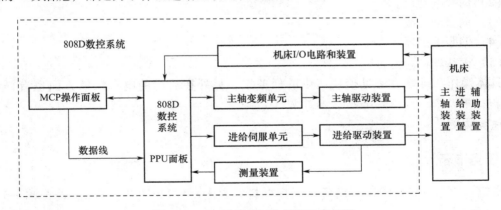

图 3—4—9　进给轴工作原理示意框图

三、进给轴的调试及维修

1. 进给轴的调试

（1）X/Y 轴水平调试。当 X/Y 轴装完后，必须对其进行机械式的手动调试，找个扳手或手柄，拧住丝杆的前端，前后方向来回移动 X/Y 轴，观察其动作过程中是否顺畅、平稳、连贯，有无噪声等。如果无异常，就进行下一项调试；如果有异常，就进行返工。

（2）Z 轴垂直度的调试。当 Z 轴安装完成后，同样也要对其进行机械动作的调试，用手转动联轴器，观察 Z 轴上下运行过程中是否顺畅、平稳、连贯，有无噪声等。如果无异常，就进行下一项调试；如果有异常，就进行返工。

（3）各轴同轴度的调试。转动每个轴的联轴器，查看丝杠中心轴与电动机中心轴是否在一条直线上，联轴器是否安装变形，或者联轴器的安装螺钉是否有松动的现象。如果无问题，就可进行下一项工作；如果有问题，就应重新安装。

（4）行程开关与碰板的调试。行程开关的功能是判断各轴的机床坐标位置和对超越极限位置进行保护，所以在安装时必须要考虑它的有效性，在安装时每个碰板均能碰撞到各个限位开关。碰板随进给轴作往返运动，行程开关是静止的。一般来说，当碰板接触不到行程开关时，调整行程开关安装位置比较多；当碰板能接触到行程开关，但有效行程过短时，就要调整碰板的位置。

2. 进给轴的维修

进给驱动系统的性能在一定程度上决定了数控系统的性能，决定了数控机床的档次，因此，在数控技术发展的历程中，进给驱动系统的研制和发展总是放在首要的位置。

数控系统所发出的控制指令，是通过进给驱动系统来驱动机械执行部件，最终实现机床精确的进给运动。数控机床的进给驱动系统是一种位置随动与定位系统，它的作用是快速、准确地执行由数控系统发出的运动命令，精确地控制机床进给传动链的坐标运动。它的性能决定了数控机床的许多性能，如最高移动速度、轮廓跟随精度、定位精度等。

在机械结构上，进给轴的维修工作主要表现在以下几个方面：

（1）联轴器。

（2）伺服电动机。

（3）伺服动力线。

（4）伺服编码器线。

（5）滚珠丝杠。

具体操作和维修方法见模块三中的任务二。另外在后面的电气维修方面也有详细的讲解。

任务实施

一、任务准备

实施本任务所需要的实训设备及工具材料见表 3—4—1、表 3—4—2、表 3—4—3、表 3—4—4。

表 3—4—1 公共材料准备

序号	设备与工具	零部件名称与型号	备注
1	各轴装配图	见图号	
2	安装工具	1 套	自备
3	检测工具	1 套	自备

表 3—4—2   *X* 轴装置材料准备

序号	设备与工具	型号、规格	数量
1	弹垫	GB/T 93-1987 $\phi6$	8
2	平垫	GB/T 97.1-2002 $\phi6$	8
3	螺钉	GB/T 70.1-2008 M6×25	8
4	锥销	GB/T 118-2000 A6×25	4
5	螺钉	GB/T 73-1985 M4×4	4
6	螺钉	GB/T 70.1-2008 M6×20	4
7	*X* 向轴承座	M01-03105	1
8	挡圈	GB/T 894.1-1986 A 型 $\phi12$	1
9	轴承	6001/2RZ/P5	1
10	*X*、*Y* 向调整镶条	M01-03203	1
11	*X*、*Y* 向调整螺钉	M01-03202	1
12	工作台	M01-03102	1
13	滑座	M01-03101	1
14	螺钉	GB/T 70.1-2008 M5×30	2
15	*X* 向丝母座	M01-03104	1
16	锥销	GB/T 118-2000 A6×32	2
17	螺钉	GB/T 73-1985 M4×4	2
18	*X* 向丝杠	M01-03201	1
19	螺钉	GB/T 70.1-2008 M4×14	2
20	*X* 向电动机座	M01-03103	1
21	轴承	7001ACTA/P5/DBB	1
22	隔套	M01-01202	1
23	压盖	M01-01203	1
24	螺钉	GB/T 70.1-2008 M4×12	4
25	螺母	SWT/RM12×1	1
26	联轴器		1
27	伺服电动机	1FL5062-0AC21-0AA0	1

表 3—4—3　　　　　　　　　　　Y 轴装置材料准备

序号	设备与工具	型号、规格	数量
1	Y 向电动机座	M01-01102A	1
2	螺母	SWT/RM12×1	1
3	轴承	7001ACTA/P5/DBB	1
4	Y 向丝杠	M01-01201	1
5	螺钉	GB/T 70.1-2008 M4×14	4
6	挡圈	GB/T 894.1-1986 A 型 ϕ12	1
7	轴承	6001/2RZ/P5	1
8	螺钉	GB/T 73-1985 M4×4	2
9	锥销	GB/T 118-2000 A6×32	2
10	螺钉	GB/T 70.1-2008 M6×30	4
11	Y 向轴承座	M01-01104	1
12	Y 向丝母座	M01-01103	1
13	底座	M01-01101	1
14	螺钉	GB/T 70.1-2008 M5×20	2
15	锥销	GB/T 118-2000 A4×20	2
16	电动机	1FL5062-0AC21-0AA0	1
17	联轴器		1
18	弹垫	GB/T 93-1987　ϕ5	4
19	平垫	GB/T 97.1-2002　ϕ5	4
20	螺钉	GB/T 70.1-2008 M5×25	4
21	螺钉	GB/T 70.1-2008 M6×25	4
22	螺钉	GB/T 73-1985 M4×4	2
23	锥销	GB/T 118-2000 A6×25	2
24	压盖	M01-01203	1
25	螺钉	GB/T 70.1-2008 M4×12	4

表 3—4—4　　　　　　　　　　Z 轴装置材料准备

序号	设备与工具	型号、规格	数量
1	电动机	1FL5062-0AC21-0AB0	1
2	弹垫	GB/T 93-1987　φ5	4
3	平垫	GB/T 97.1-2002　φ5	4
4	螺钉	GB/T 70.1-2008 M5×25	4
5	联轴器		1
6	Z 向电动机座	M01-02102A	1
7	弹垫	GB/T 93-1987　φ6	4
8	平垫	GB/T 97.1-2002　φ6	4
9	螺钉	GB/T 70.1-2008 M6×25	4
10	螺母	SWT/RM12×1	1
11	隔套	M01-01202	1
12	压盖	M01-01203	1
13	螺钉	GB/T 70.1-2008 M4×12	4
14	轴承	7001ACTA/P5/DBB	1
15	Z 向丝杠	M01-02201	1
16	螺钉	GB/T 70.1-2008 M4×14	5
17	Z 向丝母座	M01-02103	1
18	螺钉	GB/T 70.1-2008 M6×25	4
19	锥销	GB/T 118-2000 A6×25	4
20	Z 向挡铁	M01-02202	2
21	螺钉	GB/T 70.1-2008 M8×25	2
22	弹垫	GB/T 93-1987　φ12	4
23	小垫圈	GB/T 848-2002　φ12	4
24	螺钉	GB/T 70.1-2008 M12×40	4
25	螺钉	GB/T 73-1985 M4×4	2

二、熟悉进给轴的结构和各轴的位置

1. 在指导教师的指导下，完成进给轴的安装。

2. 进给轴装配图

（1）X 轴的装配图如图 3—4—10 所示。

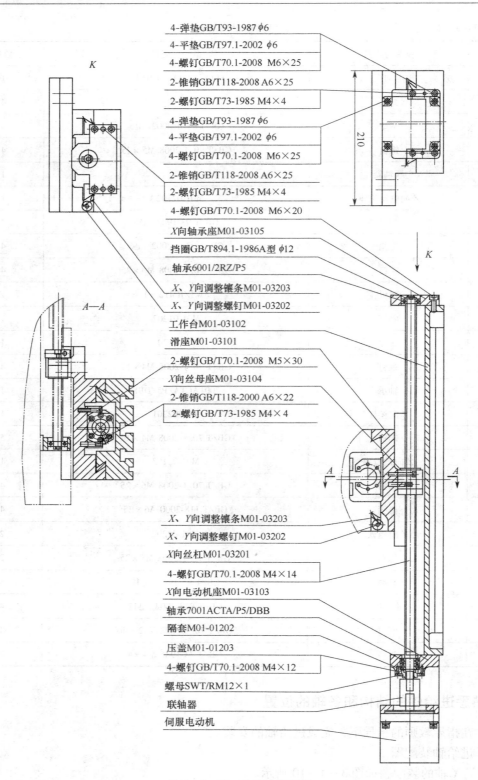

K

4-弹垫GB/T93-1987 ϕ6

4-平垫GB/T97.1-2002 ϕ6

4-螺钉GB/T70.1-2008 M6×25

2-锥销GB/T118-2008 A6×25

2-螺钉GB/T73-1985 M4×4

4-弹垫GB/T93-1987 ϕ6

4-平垫GB/T97.1-2002 ϕ6

4-螺钉GB/T70.1-2008 M6×25

2-锥销GB/T118-2008 A6×25

2-螺钉GB/T73-1985 M4×4

4-螺钉GB/T70.1-2008 M6×20

*X*向轴承座M01-03105

挡圈GB/T894.1-1986A型 ϕ12

轴承6001/2RZ/P5

X、*Y*向调整镶条M01-03203

X、*Y*向调整螺钉M01-03202

工作台M01-03102

滑座M01-03101

2-螺钉GB/T70.1-2008 M5×30

*X*向丝母座M01-03104

2-锥销GB/T118-2000 A6×22

2-螺钉GB/T73-1985 M4×4

A—A

210

K

A

A

X、*Y*向调整镶条M01-03203

X、*Y*向调整螺钉M01-03202

*X*向丝杠M01-03201

4-螺钉GB/T70.1-2008 M4×14

*X*向电动机座M01-03103

轴承7001ACTA/P5/DBB

隔套M01-01202

压盖M01-01203

4-螺钉GB/T70.1-2008 M4×12

螺母SWT/RM12×1

联轴器

伺服电动机

图 3—4—10 *X* 轴的装配图

（2）Y 轴的装配图如图 3—4—11 所示。

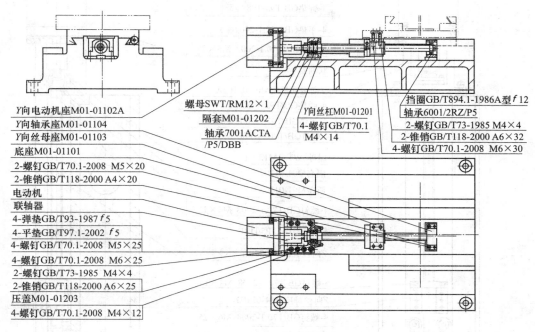

Y 向电动机座M01-01102A
Y 向轴承座M01-01104
Y 向丝母座M01-01103
底座M01-01101
2-螺钉GB/T70.1-2008 M5×20
2-锥销GB/T118-2000 A4×20
电动机
联轴器
4-弹垫GB/T93-1987 f 5
4-平垫GB/T97.1-2002 f 5
4-螺钉GB/T70.1-2008 M5×25
4-螺钉GB/T70.1-2008 M6×25
2-螺钉GB/T73-1985 M4×4
2-锥销GB/T118-2000 A6×25
压盖M01-01203
4-螺钉GB/T70.1-2008 M4×12

螺母SWT/RM12×1
隔套M01-01202
轴承7001ACTA/P5/DBB

Y 向丝杠M01-01201
4-螺钉GB/T70.1 M4×14

挡圈GB/T894.1-1986A型 f 12
轴承6001/2RZ/P5
2-螺钉GB/T73-1985 M4×4
2-锥销GB/T118-2000 A6×32
4-螺钉GB/T70.1-2008 M6×30

图 3—4—11　Y 轴的装配图

（3）Z 轴的装配图如图 3—4—12 所示。

3. 各轴的安装步骤

各轴的安装顺序是：先装 Y 轴，然后装 X 轴，最后装 Z 轴。

（1）Y 轴滑座的安装

1）先将丝杠座安装在丝杠上，把两件轴承（7001AC）镶入电动机座内（轴承安装有方向，通常采用背靠方式，即有标识的靠在一起），并装在丝杠有外螺纹的一端，用锁紧螺母锁紧，丝杠另一端装上轴承（6001），用外挡圈定位，最后把电动机座固定在底座上，丝杠另一端镶进轴承座，一并固定在底座上，有销孔的位置镶入定位销。

2）把滑座安放在底座燕尾导轨上，注意有方向性，槽外中间有四个孔的一边在电动机安装座一侧，通过这四个孔把丝母座固定，插入斜铁，转动丝杠调整斜铁，位置在带孔的燕尾槽一侧，并用调整螺栓定位两端，转动丝杠调整斜铁纵向位置，使滑座与导轨间隙适中。

（2）X 轴工作台的安装

1）先将丝母座安装在 Y 轴滑座上（中间位置有丝孔，并有定位销孔），再把 X 轴丝杠用螺母安装在丝母座上，注意 X 轴电动机在右端，丝母座侧面有丝孔的一端也应向右。

2）电动机座内轴承（7001AC）安装方式同 Y 轴，丝杠另一端轴承安装方式（6001）同上，可以先把轴承座安在工作台板上，注意工作台板两端丝孔距离和个数与电动机座和轴承座上的对应，把工作台板平行纵向朝右放进燕尾导轨，使丝杠有螺纹一端镶入电动机座的轴承内，紧固电动机座并用锁紧螺母锁紧丝杠。

3）插入斜铁，同上。

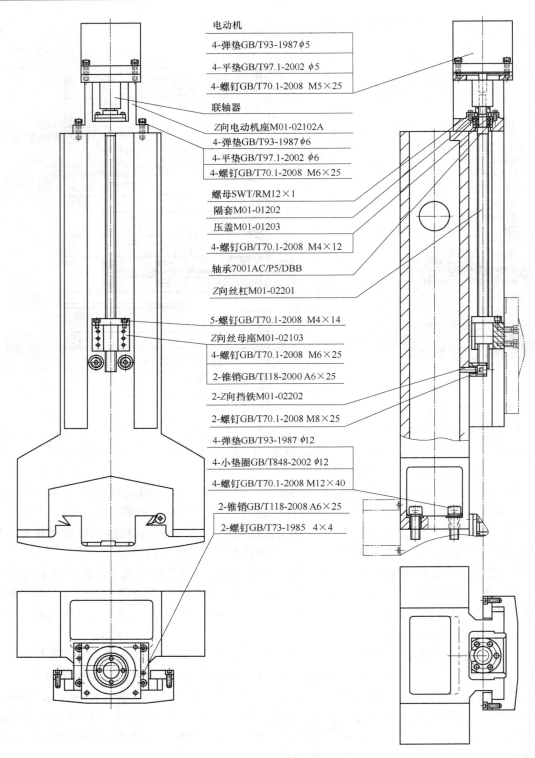

电动机

4-弹垫GB/T93-1987 ϕ5

4-平垫GB/T97.1-2002 ϕ5

4-螺钉GB/T70.1-2008 M5×25

联轴器

Z向电动机座M01-02102A

4-弹垫GB/T93-1987 ϕ6

4-平垫GB/T97.1-2002 ϕ6

4-螺钉GB/T70.1-2008 M6×25

螺母SWT/RM12×1

隔套M01-01202

压盖M01-01203

4-螺钉GB/T70.1-2008 M4×12

轴承7001AC/P5/DBB

Z向丝杠M01-02201

5-螺钉GB/T70.1-2008 M4×14

Z向丝母座M01-02103

4-螺钉GB/T70.1-2008 M6×25

2-锥销GB/T118-2000 A6×25

2-Z向挡铁M01-02202

2-螺钉GB/T70.1-2008 M8×25

4-弹垫GB/T93-1987 ϕ12

4-小垫圈GB/T848-2002 ϕ12

4-螺钉GB/T70.1-2008 M12×40

2-锥销GB/T118-2008 A6×25

2-螺钉GB/T73-1985 4×4

图3—4—12 Z轴的装配图

（3）Z 轴的安装

1）Z 轴支承轴必须在 X 轴工作台完成后安装。

2）丝杠座、丝杠、轴承、电动机座安装与 Y 轴相似。

（4）行程开关的安装。将 X、Y、Z 轴上的行程开关安装好，并调整其位置，让每个轴的碰板都能起作用。

4. 进给轴的调整

（1）机床安装与调平。把运输木架拆除，装底脚，使调节螺纹处在最低位置，用条形水平仪测量，找出最高一点（共四个底脚，其中一个底脚为一点），然后把水平仪放置在工作台横向或纵向一处，调出水平，再换位调出另一方向水平，最后双向微调，直至机床水平。

（2）机床精度调整。通过实际加工工件调整斜铁的位置和丝杠锁紧螺母的松紧程度，分别调整三向精度。测量表 3—4—5 中的各项数据，并填写。

表 3—4—5　　　　　　　　　　　　　　进给轴轴线定位精度

序号	检验项目	测量值
1	X 轴定位精度	
2	X 轴重复定位精度	
3	Y 轴定位精度	
4	Y 轴重复定位精度	
5	Z 轴定位精度	
6	Z 轴重复定位精度	
7	X 轴反向间隙	
8	Y 轴反向间隙	
9	Z 轴反向间隙	

任务测评

完成操作任务后，学生先按照表 3—4—6 进行自我测评，再由指导教师评价审核。

表 3—4—6　　　　　　　　　　　　　　评分标准

序号	项目	考核内容及要求	配分	评分标准	扣分	得分
1	X 轴的安装与测量	掌握 X 轴安装及精度测量方法	30	X 轴的定位精度是否测量准确，不准扣 10 分 X 轴的重复定位精度是否测量准确，不准扣 10 分 X 轴的反向间隙是否测量准确，不准扣 10 分		
2	Y 轴的安装与测量	掌握 Y 轴安装及精度测量方法	30	Y 轴的定位精度是否测量准确，不准扣 10 分 Y 轴的重复定位精度是否测量准确，不准扣 10 分 Y 轴的反向间隙是否测量准确，不准扣 10 分		
3	Z 轴的安装与测量	掌握 Z 轴的安装及精度测量方法	30	Z 轴的定位精度是否测量准确，不准扣 10 分 Z 轴的重复定位精度是否测量准确，不准扣 10 分 Z 轴的反向间隙是否测量准确，不准扣 10 分		

续表

序号	项目	考核内容及要求	配分	评分标准	扣分	得分
4	安全文明生产	应符合机床安全文明生产的有关规定	10	违反安全文明生产有关规定不得分		
指导教师评价					总得分	

思考与练习

一、填空题（将正确答案填在横线上）

1. 伺服电动机在选型上主要考虑_____、_____、_____和_____几个方面。

2. 滚珠丝杠由_____、_____和_____组成。

3. 之所以能得到较高的运动效率，是因为滚珠丝杠副的_____与_____之间有很多_____在作_____运动。

4. 在选择联轴器的类型时，主要考虑_____，_____，被连接两部件的_____等因素。

5. VM320 型数控铣床进给轴有_____、_____和_____。

二、选择题（将正确答案的序号填在括号里）

1. 已知：负重 $M = 20$ kg，螺杆螺距 $P_B = 5$ mm，螺杆直径 $D_B = 15$ mm，螺杆质量 $M_B = 15$ kg，摩擦因数 $\mu = 0.2$，机械效率 $\eta = 0.9$。则它的负载惯量和螺杆转动惯量分别为（　　）。

    A. 12.8 kg·cm² 和 4.2 kg·cm²　　　　　　　B. 0.128 kg·cm² 和 4.2 kg·cm²

    C. 3.18 kg·cm² 和 5.63 kg·cm²　　　　　　D. 12.8 kg·cm² 和 42 kg·cm²

2. 伺服电动机选型是由（　　）决定的。

    A. 机械系统　　　　　　　　　　　　　　B. 动作模式

    C. 电机轴负载惯量　　　　　　　　　　　D. 负载转矩

3. 滚珠丝杆的特性有（　　）。

    A. 高精度、微进给、无侧隙、刚度高、高速

    B. 高精度、高进给、少侧隙、刚度高、中高速

    C. 高精度、微进给、无侧隙、刚度低、低速

    D. 以上都不是

4. 滚珠丝杠在安装时应考虑（　　）。

    A. 螺母座、丝杠端部的轴承及其支承加工　　B. 孔对端面的垂直度

    C. 加大螺母座和机床结合部件的接触面积　　D. 以上都是

5. 伺服电动机的主要特点有（　　）。

    A. 精度、转速、稳定及时性

    B. 稀土永磁材料的伺服电动机，其出力小，惯性大

C. 断电后它还会因为自身的惯性再转一会儿，然后停下

D. 以上都不对

三、判断题（将判断结果填入括号中，正确的填"√"，错误的填"×"）

1. VM320 型数控铣床的联轴器完全可以用带轮代替。 （   ）
2. 联轴器在安装过程中动力压入是多余的动作。 （   ）
3. T 形槽的直线度可用光管准直仪检测。 （   ）
4. 在支承的配置方面，对于行程小的短丝杠可以采用悬臂的单支承结构。 （   ）
5. Z 轴伺服电动机在选型时与 X/Y 完全一样。 （   ）

四、计算题

1. 已知：圆盘质量 $M = 50$ kg，圆盘直径 $D = 500$ mm，圆盘最高转速为 60 r/min。请选择伺服电动机及伺服减速机。

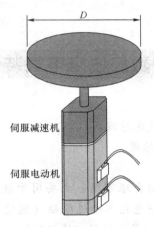

2. 已知：负载质量 $M = 50$ kg，同步带轮直径 $D = 120$ mm，减速比 $R_1 = 10$，$R_2 = 2$，负载与机台摩擦因数 $\mu = 0.6$，负载最高运动速度为 30 m/min，负载从静止加速到最高速度的时间为 200 ms，忽略各传送带轮质量。请问驱动这样的负载最少需要多大功率的电动机？

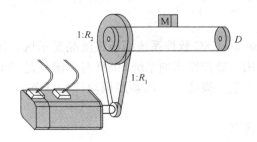

五、简答题

1. 简述 Z 轴的安装步骤。
2. 简述联轴器的作用。

VM320型数控铣床电气部分

任务一　VM320 型数控铣床电气装调与维修

学习目标

1. 掌握数控系统 808D 控制铣床原理。

2. 掌握数控铣床的电气控制原理。

任务导入

SINUMERIK 808D 是一款面向全球市场、主要用于铣床和车床的数控产品。对铣床而言，该产品可以控制四个轴，其中包括三个进给轴（通过三个脉冲驱动接口 SINAMICS V60 连接）和一个主轴（通过一个模拟量主轴接口连接）。

相关知识

一、808D 数控系统组成

1. 808D 数控系统

SINUMERIK 808D base lineCNC 数控系统面板将液晶显示区、键盘、操作区有机地放在一起，便于用户操作和使用。数控铣床的系统 808D 与车床只是 PPU 不同，其他一样，MCP 面板与车床一样，在这里不重复概述，可以参照模块二的任务一。808D 数控系统外形如图 4—1—1 所示。

该数控系统具有以下优点：

（1）易于学习。由于有了多媒体的培训材料、SINUMERIK 808D on PC 软件以及数控系统集成的在线帮助系统，不同操作人员都能够轻松学会 SINUMERIK 808D 的操作与编程，而且所有的培训材料都是免费的。

（2）易于维护。服务计划功能能够帮助跟踪管理机床的润滑油、滤网等附件的更换与维护。

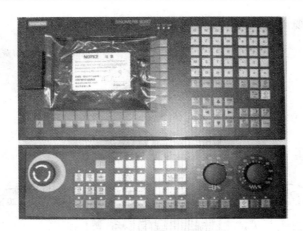

图 4—1—1　808D 数控系统外形

（3）易于操作。SINUMERIK 808D 支持 DIN 语言和 ISO 语言编程，可以适应不同用户的编程习惯。

（4）功能强大的轮廓编程。再复杂的轮廓也可以不需要任何 CAD/CAM 软件而在数控系统上直接编程。

（5）众多工艺循环。利用针对车削、钻削的众多工艺循环可以方便地编写加工程序。

2. 进给轴伺服驱动器

进给轴伺服驱动器在安装时要注意安装方法，以免调试时出现不必要的麻烦。进给轴伺服驱动器安装如图 4—1—2 所示。

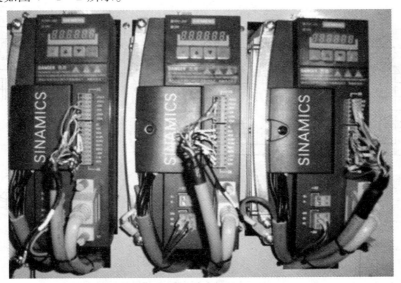

图 4—1—2　进给轴伺服驱动器安装图

电缆必须有 CE 标记，使用的电源输入电缆和动力电缆都必须是屏蔽电缆。在此情况下，可使用电缆夹作为电缆屏蔽层和公共接地点之间的接地连接，电缆夹也有助于将电缆（非屏蔽层动力电缆和电源输入电缆）固定在适当的位置。如图 4—1—3 所示对如何使用电缆夹固定上述两种电缆以及如何与电缆建立屏蔽连接进行了说明。

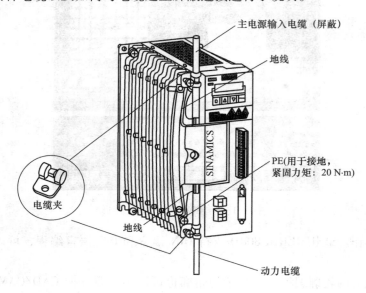

图4—1—3 使用两个电缆夹固定电缆

3. 主轴变频器

变频器控制主轴电动机的原理如图4—1—4所示。

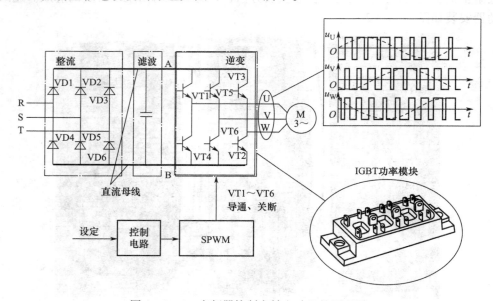

图4—1—4 变频器控制主轴电动机的原理图

主电路左侧是桥式整流电路，将工频交流电变成直流电；中间是滤波环节，A、B两条线路为直流母线；右侧是逆变器，用 VT1～VT6 六个大功率晶体管把直流电变成三相交流电U、V、W。

功率放大后的 U、V、W 是脉宽按正弦规律变化的等效正弦交流电，正是这个正弦交流电保证了交流伺服电动机的运行。

改变大功率晶体管的开关频率，可实现电动机的转速调整；改变大功率晶体管导通、截止的开关逻辑，可改变 U、V、W 三相相序，实现电动机的转向控制，如图 4—1—5 所示。

808D 数控系统控制各轴示意图如图 4—1—6 所示。

图 4—1—5　变频器控制主轴

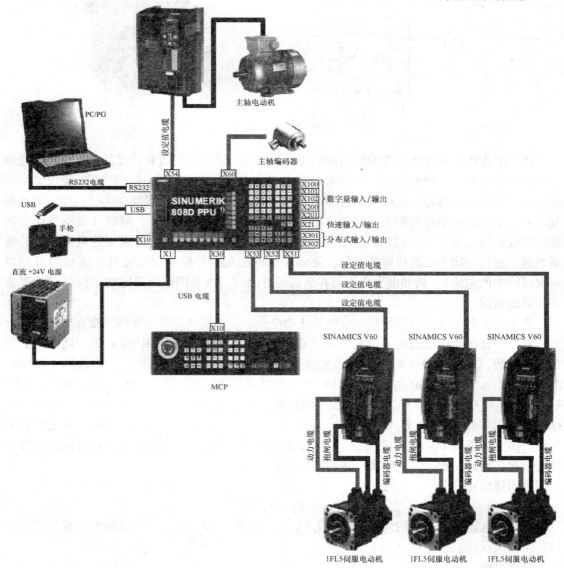

图 4—1—6　808D 数控系统控制各轴示意图

4. 常用的低压电器

数控机床的控制电路是由各种不同的控制电气元件组成的，要了解、分析和设计数控机床的控制电路，首先要熟悉各种不同的控制电气元件。

(1) 变压器。变压器由铁芯（或磁芯）和线圈组成，其中接电源的线圈称为一次线圈，其余的线圈称为二次线圈。它可以变换交流电压、交流电流和阻抗。最简单的铁芯变压器由一个软磁材料做成的铁芯及套在铁芯上的两个匝数不等的线圈构成，如图 4—1—7 所示。

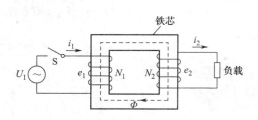

图 4—1—7　变压器

铁芯的作用是加强两个线圈间的磁耦合。为了减少铁芯内涡流和磁滞损耗，铁芯由涂漆的硅钢片叠压而成。两个线圈之间没有电的联系，线圈由绝缘铜线（或铝线）绕成。一个线圈接交流电源，称为一次线圈；另一个线圈接用电器，称为二次线圈。实际的变压器是很复杂的，不可避免地存在铜损（线圈电阻发热）、铁损（铁芯发热）、漏磁（经空气闭合的磁感应线）等，为了简化讨论，这里只介绍理想变压器。理想变压器成立的条件是：忽略漏磁通，忽略一次、二次线圈的电阻，忽略铁芯的损耗，忽略空载电流（二次线圈开路时一次线圈中的电流）。例如电力变压器在满载运行时（二次线圈输出额定功率）即接近理想变压器的情况。

变压器是利用电磁感应原理制成的静止用电设备。当变压器的一次线圈接在交流电源上时，铁芯中便产生交变磁通，交变磁通用 Φ 表示。一次、二次线圈中的 Φ 是相同的，Φ 也是正弦函数，表示为 $\Phi = \Phi_m \sin\omega t$。由法拉第电磁感应定律可知，一次、二次线圈中的感应电动势为 $e_1 = -N_1 \mathrm{d}\Phi/\mathrm{d}t$、$e_2 = -N_2 \mathrm{d}\Phi/\mathrm{d}t$。式中 N_1、N_2 为一次、二次线圈的匝数。由图 4—1—7 可知 $U_1 = -e_1$，$U_2 = e_2$（一次线圈物理量用下角标 1 表示，二次线圈物理量用下角标 2 表示），其有效值为 $U_1 = -E_1 = jN_1\omega\Phi$、$U_2 = E_2 = -jN_2\omega\Phi$，令 $k = N_1/N_2$，称变压器的变比。由上式可得 $U_1/U_2 = -N_1/N_2 = -k$，即变压器一次、二次线圈电压有效值之比等于其匝数比，而且一次、二次线圈电压的相位差为 π。

进而得出：

$$U_1/U_2 = N_1/N_2$$

在空载电流可以忽略的情况下，有 $I_1/I_2 = -N_2/N_1$，即一次、二次线圈电流有效值大小与其匝数成反比，且相位差为 π。

进而可得：

$$I_1/I_2 = N_2/N_1$$

理想变压器一次、二次线圈的功率相等，即 $P_1 = P_2$。这说明理想变压器本身无功率损耗。实际变压器总存在损耗，其效率 $\eta = P_2/P_1$。电力变压器的效率很高，可达 90% 以上。

（2）交流接触器

1）基本组成。交流接触器主要由以下四部分组成。

①电磁系统。包括吸引线圈、动铁芯和静铁芯。

②触头系统。包括三组主触头和一至两组常开、常闭辅助触头，它们和动铁芯是连在一起互相联动的。

③灭弧装置。一般容量较大的交流接触器都设有灭弧装置，以便迅速切断电弧，避免烧坏主触头。

④绝缘外壳及附件。各种弹簧、传动机构、短路环、接线柱等。

2）工作原理。当线圈通电时，静铁芯产生电磁吸力，将动铁芯吸合。由于触头系统是与动铁芯联动的，因此动铁芯带动三条动触片同时动作，主触头闭合，和主触头机械相连的辅助常闭触头断开，辅助常开触头闭合，从而接通电源。当线圈断电时，吸力消失，动铁芯联动部分依靠弹簧的反作用力而分离，使主触头断开，和主触头机械相连的辅助常闭触头闭合，辅助常开触头断开，从而切断电源。

3）使用方法。一般三相接触器一共有 8 个点，3 路输入，3 路输出，还有 2 个控制点。输出和输入是对应的，能很容易看出来。如果要加自锁，则还需要从输出点的一个端子将线接到控制点上面。

交流接触器是将外界电源加在线圈上，产生电磁场。加电触头吸合，断电后触头就断开。外加电源的端子，也就是线圈的两个端子，一般在接触器的下部，并且各在一边。其他的几路输入和输出一般在上部，一看就知道。外加电源的电压（220 V 或 380 V）一般都有标识。还应注意触头是常闭还是常开的。如果有自锁控制，应根据原理理一下线路。

4）适用范围。CJX2 系列交流接触器主要用于交流 50 Hz 或 60 Hz、额定电压 690 V，在 AC-3 的使用类别下，额定工作电压 380 V、额定工作电流 620 A 的电力系统中，供远距离接通和分断电路及频繁地启动和控制交流电动机，如图 4—1—8 所示。它还可与适当的热过载继电器或电子式保护装置组合成电磁启动器，以保护可能发生过载的电路。

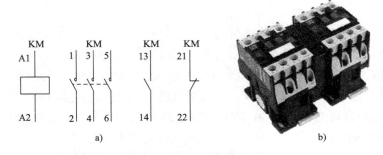

图 4—1—8　交流接触器

a）电气符号图　b）实物图

（3）中间继电器

1）名词解释。中间继电器用于继电保护与自动控制系统中，以增加触头的数量及容量。它用于在控制电路中传递中间信号。中间继电器的结构和原理与交流接触器基本相同，但与接触器的主要区别在于：接触器的主触头可以通过大电流，而中间继电器的触头只能通过小电流。所以，它只能用于控制电路中。它一般是没有主触头的，因为过载能力比较小，所以它用的全部都是辅助触头，数量比较多。一般是直流电源供电，少数使用交流供电。一般情况下采用如图4—1—9所示的中间继电器。

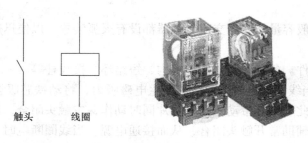

图4—1—9 中间继电器

2）结构

①线圈装在"U"形导磁体上，导磁体上面有一个活动的衔铁，导磁体两侧装有两排触头弹片。在非动作状态下触头弹片将衔铁向上托起，使衔铁与导磁体之间保持一定间隙。当气隙间的电磁力矩超过反作用力矩时，衔铁被吸向导磁体，同时衔铁压动触头弹片，使常闭触头断开，常开触头闭合，完成继电器工作。当电磁力矩减小到一定值时，由于触头弹片的反作用力矩，而使触头与衔铁返回到初始位置，准备下次工作。

② 本继电器的"U"形导磁体采用双铁芯结构，即在两个边柱上均可装设线圈。对于DZY、DZL 和 DZJ 型只装一个线圈，而对于 DZB、DZS 和 DZK 型可根据需要在另一个铁芯上装保持线圈或延时用阻尼片等，从而使线圈类型大不相同的继电器都通用一个导磁体。

3）主要参数

①动作电压：不大于70%的额定值。

②返回电压：不小于5%的额定值。

③动作时间：不大于0.02 s（额定值下）。

④返回时间：不大于0.02 s（额定值下）。

⑤电气寿命：继电器在正常负荷下，电气寿命不低于1万次。

⑥功率消耗：直流回路不大于4 W，交流回路不大于5 V·A。

⑦触头容量：在电压不超过250 V、电流不超过1 A的直流有感负荷（时间常数$\tau = 5 \pm 0.75$ ms）中，断开容量为50 W；在电压不超过250 V、电流不超过3 A的交流回路中为250 V·A（功率因数$\cos\varphi = 0.4 \pm 0.1$），允许长期接通5 A电流。

⑧绝缘电阻。下列各部位在开路电压500 V时，用兆欧表测量其绝缘电阻应≥300 MΩ（常温下）：导电端子与外露非带电金属或外壳之间；动、静触头之间；常开触头与常闭触头之间；触头与电压回路之间。

（4）熔断器

1）名词解释。熔断器（fuse）是指当电流超过规定值时，以本身产生的热量使熔体熔断，断开电路的一种保护电器。熔断器广泛应用于高低压配电系统和控制系统以及用电设备中，作为短路和过电流的保护器，是应用最普遍的保护器件之一。

2）工作原理。它是利用金属导体作为熔体串联于电路中，当过载或短路电流通过熔体时，因其自身发热而熔断，从而分断电路。熔断器结构简单，使用方便，广泛用于电力系统、各种电工设备和家用电器中作为保护器件。

3）结构特性。熔体额定电流不等于熔断器额定电流，熔体额定电流按被保护设备的负荷电流选择，熔断器额定电流应大于熔体额定电流，与主电器配合确定。

熔断器主要由熔体、外壳和支座三部分组成，其中熔体是控制熔断特性的关键元件。熔体的材料、尺寸和形状决定了熔断特性。熔体材料分为低熔点和高熔点两类。低熔点材料如铅和铅合金，其熔点低，容易熔断，由于其电阻率较大，因此制成熔体的截面尺寸较大，熔断时产生的金属蒸气较多，只适用于低分断能力的熔断器。高熔点材料如铜、银，其熔点高，不容易熔断，但由于其电阻率较低，可制成比低熔点熔体小的截面尺寸，熔断时产生的金属蒸气少，适用于高分断能力的熔断器。熔体的形状分为丝状和带状两种。改变截面的形状可显著改变熔断器的熔断特性。熔断器有各种不同的熔断特性曲线，可以适用于不同类型保护对象的需要，如图4—1—10所示。

4）熔断器的选择方法

①保护无启动过程的平稳负载，如照明线路、电阻、电炉等时，熔体额定电流略大于或等于负荷电路中的额定电流。

图4—1—10 熔断器

②保护单台长期工作的电动机时，熔体额定电流可按最大启动电流选取，也可按下式选取：

$$I_{RN} \geq (1.5 \sim 2.5) I_N$$

式中，I_{RN} 为熔体额定电流；I_N 为电动机额定电流。如果电动机频繁启动，式中系数可适当加大至3~3.5，具体应根据实际情况而定。

③保护多台长期工作的电动机（供电干线）时，熔体额定电流按下式选取：

$$I_{RN} \geq (1.5 \sim 2.5) I_{Nmax} + \Sigma I_N$$

式中，I_{Nmax} 为容量最大单台电动机的额定电流；ΣI_N 为其余电动机额定电流之和。

（5）断路器

1）名词解释。断路器（circuit breaker）是指能够闭合、承载和断开正常回路条件下的电流并能闭合、在规定的时间内承载和断开异常回路条件下的电流的开关装置。断路器按其使用范围分为高压断路器与低压断路器，高、低压界线划分比较模糊，一般将1 kV以上的称为高压电器。

断路器可用来分配电能，不频繁地启动异步电动机，对电源线路及电动机等实施保护，当它们发生严重的过载或者短路及欠压等故障时能自动切断电路，其功能相当于熔断器式开关、过电压继电器、欠电压继电器与热继电器等的组合，而且在分断故障电流后一般不需要更换零部件。

2）工作原理。断路器一般由触头系统、灭弧系统、操作机构、脱扣器、外壳等构成。

当短路时，大电流产生的磁场克服反力弹簧，脱扣器拉动操作机构动作，开关瞬时跳闸。当过载时，电流变大，发热量加剧，双金属片变形到一定程度推动操作机构动作（电流越大，动作时间越短）。

有的断路器采用电子型脱扣器，使用互感器采集各相电流大小，与设定值比较，当电流异常时微处理器发出信号，使电子脱扣器带动操作机构动作。

断路器的作用是切断和接通负荷电路，以及切断故障电路，防止事故扩大，保证安全运行。而高压断路器要切断电压为 1 500 V、电流为 1 500～2 000 A 的电弧，这些电弧可拉长至 2 m 仍然继续燃烧不熄灭。故灭弧是高压断路器必须解决的问题。

吹弧熄弧的原理主要是冷却电弧，减弱热游离，通过吹弧拉长电弧，以加强带电粒子的复合和扩散，同时把弧隙中的带电粒子吹散，迅速恢复介质的绝缘强度。

低压断路器也称为自动空气开关，可用来接通和分断负载电路，也可用来控制不频繁启动的电动机。它的功能相当于刀开关、过电流继电器、失压继电器、热继电器、漏电保护器等电器部分或全部的功能总和，是低压配电网中一种重要的保护电器。

低压断路器具有多种保护功能（过载、短路、欠电压保护等）、动作值可调、分断能力高、操作方便、安全等优点，所以被广泛应用。低压断路器由操作机构、触头、保护装置（各种脱扣器）、灭弧系统等组成。

低压断路器的主触头是靠手动操作或电动合闸的。主触头闭合后，自由脱扣机构将主触头锁在合闸位置上。过电流脱扣器的线圈和热脱扣器的热元件与主电路串联，欠电压脱扣器的线圈和电源并联。当电路发生短路或严重过载时，过电流脱扣器的衔铁吸合，使自由脱扣机构动作，主触头断开主电路。当电路过载时，热脱扣器的热元件发热，使双金属片向上弯曲，推动自由脱扣器的操作机构动作。当电路欠电压时，欠电压脱扣器的衔铁释放，也使自由脱扣器的操作机构动作。分励脱扣器则作为远距离控制用，正常工作时，其线圈是断电的，在需要远距离控制时，按下启动按钮，使线圈通电。

3）种类。有 1P、2P、3P、4P 的断路器，也有带漏电保护器的断路器。它的电气符号及实物如图 4—1—11 所示。

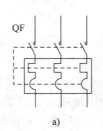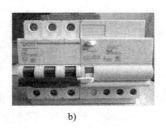

图 4—1—11　断路器

a）电气符号　b）带漏电保护器　c）不带漏电保护器

（6）开关电源

1）名词解释。开关电源是利用现代电力电子技术，控制开关管开通和关断的时间比率，维持稳定输出电压的一种电源。开关电源一般由脉冲宽度调制（PWM）控制 IC 和 MOSFET 构成。随着电力电子技术的发展和创新，开关电源技术也在不断地创新。目前，开关电源以小型、轻量和高效率的特点被广泛应用于几乎所有的电子设备中，是当今电子信息产业飞速发展不可缺少的一种电源方式。

2）主要用途。开关电源产品广泛应用于工业自动化控制、军工设备、科研设备、LED 照明、工控设备、通信设备、电力设备、仪器仪表、医疗设备、半导体制冷制热、空气净化器、液晶显示器、视听产品、安防监控、计算机机箱、数码产品等领域。

3）基本组成。开关电源由主电路、控制电路、检测电路、辅助电源四大部分组成。

①主电路

a. 冲击电流限幅：限制接通电源瞬间输入侧的冲击电流。

b. 输入滤波器：过滤电网存在的杂波及阻碍本机产生的杂波反馈回电网。

c. 整流与滤波：将电网交流电源直接整流为较平滑的直流电。

d. 逆变：将整流后的直流电变为高频交流电，这是高频开关电源的核心部分。

e. 输出整流与滤波：根据负载需要，提供稳定可靠的直流电源。

②控制电路。一方面从输出端取样，与设定值进行比较，然后去控制逆变器，改变其脉宽或脉频，使输出稳定。另一方面，根据测试电路提供的数据，经保护电路鉴别，控制电路对电源实施各种保护措施。

③检测电路。提供保护电路中正在运行的各种参数和各种仪表数据。

④辅助电源。实现电源的软件（远程）启动，为保护电路和控制电路（PWM 等芯片）工作供电。

4）工作原理。开关电源的工作过程相当容易理解，在线性电源中，让功率晶体管工作在线性模式。与线性电源不同的是，PWM 开关电源是让功率晶体管工作在导通和关断的状态。在这两种状态中，加在功率晶体管上的伏安乘积是很小的（在导通时，电压低，电流大；关断时，电压高，电流小）。功率器件上的伏安乘积就是功率半导体器件上所产生的损耗。

与线性电源相比，PWM 开关电源更为有效的工作过程是通过"斩波"，即把输入的直流电压斩成幅值等于输入电压幅值的脉冲电压来实现的，如图 4—1—12 所示。

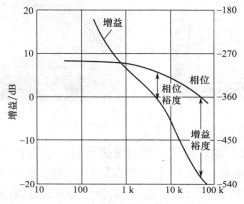

图 4—1—12 PWM 开关电源工作原理图

脉冲的占空比由开关电源的控制器来调节。一旦输入电压被斩成交流方波，其幅值就可以通过变压器来升高或降低。通过增加变压器的二次绕组数就可以增加输出的电压值。最后这些交流波形经过整流滤波后就得到直流输出电压。

控制器的主要目的是保持输出电压稳定，其工作过程与线性形式的控制器很类似。也就是说控制器的功能块、电压参考和误差放大器，可以设计成与线性调节器相同。它们的不同之处在于，误差放大器的输出（误差电压）在驱动功率管之前要经过一个电压/脉冲宽度转换单元。

开关电源有两种主要的工作方式：正激式变换和升压式变换。尽管它们各部分的布置差别很小，但是工作过程相差很大，在特定的应用场合下各有优点。

5）工作模式。开关电源一般有三种工作模式：频率、脉冲宽度固定模式，频率固定、脉冲宽度可变模式，频率、脉冲宽度可变模式。前一种工作模式多用于 DC/AC 逆变电源，或 DC/DC 电压变换；后两种工作模式多用于开关稳压电源。另外，开关电源输出电压也有三种工作方式：直接输出电压方式、平均值输出电压方式、幅值输出电压方式。同样，前一种工作方式多用于 DC/AC 逆变电源，或 DC/DC 电压变换；后两种工作方式多用于开关稳压电源。开关电源外形及电气符号如图 4—1—13 所示。

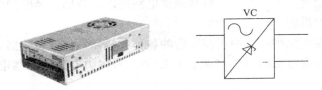

图 4—1—13　开关电源外形及电气符号

（7）滤波器

1）名词解释。滤波器（filter）是由电容、电感和电阻组成的滤波电路。滤波器可以对电源线中特定频率的频点或该频点以外的频率进行有效滤除，得到一个特定频率的电源信号，或消除一个特定频率后的电源信号。其外形图如图 4—1—14 所示。

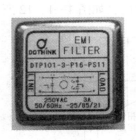

图 4—1—14　滤波器外形图

2）主要作用。滤波器，顾名思义，是对波进行过滤的器件。"波"是一个非常广泛的物理概念，但在电子技术领域，"波"被狭义地局限于描述各种物理量的取值随时间起伏变化的过程。该过程通过各类传感器的作用，被转换为电压或电流的时间函数称为各种物理量的时间波形，或者称为信号。因为自变量时间是连续取值的，所以称之为连续时间信号，又习惯地称之为模拟信号（Analog Signal）。随着数字式电子计算机（一般简称计算机）技术的产生和飞速发展，为了便于计算机对信号进行处理，产生了在抽样定理指导下将连续时间信号变换成离散时间信号的完整的理论和方法。也就是说，可以只用原模拟信号在一系列离散时间坐标点上的样本值表达原始信号而不丢失任何信息。波、波形、信号这些概念既然表达的是客观世界中各种物理量的变化，自然就是现代社会赖以生存的各种信息的载体。信息需要传播，靠的就是波形信号的传递。信号在它的产生、转换、传输的每一个环节都可能由于环境和干扰的存在而产生畸变，甚至在相当多的情况下，这种畸变还很严重，以致信号及其所携带的信息被深深地埋在噪声当中了。

3）响应类型

①巴特沃斯响应（最平坦响应）。巴特沃斯响应能够最大化滤波器的通带平坦度。该响应非常平坦，接近 DC 信号，然后慢慢衰减至截止频率点 -3 dB，最终逼近 $-20n$ dB/decade 的衰减率，其中 n 为滤波器的阶数。巴特沃斯滤波器特别适用于低频应用，其对于维护增益的平坦性来说非常重要。

②贝塞尔响应。滤波器除了会改变依赖于频率的输入信号的幅度外，还会为其引入一个延迟。延迟使得基于频率的相移产生非正弦信号失真。就像巴特沃斯响应利用通带最大化了幅度的平坦度一样，贝塞尔响应最小化了通带的相位非线性。

③切贝雪夫响应。在一些应用当中，最为重要的因素是滤波器截断不必要信号的速度。如果可以接受通带具有一些纹波，就可以使用切贝雪夫滤波器，它能得到比巴特沃斯滤波器更快速的衰减。

4）主要分类

①按所处理的信号分为模拟滤波器和数字滤波器两种。

②按所通过信号的频段分为低通滤波器、高通滤波器、带通滤波器和带阻滤波器。

a. 低通滤波器：允许信号中的低频或直流分量通过，抑制高频分量或干扰和噪声。

b. 高通滤波器：允许信号中的高频分量通过，抑制低频或直流分量。

c. 带通滤波器：允许一定频段的信号通过，抑制低于或高于该频段的信号、干扰和噪声。

d. 带阻滤波器：抑制一定频段内的信号，允许该频段以外的信号通过。

③按所采用的元器件分为无源滤波器和有源滤波器两种。

a. 无源滤波器：仅由无源元件组成的滤波器，它是利用电容和电感元件的电抗随频率的变化而变化的原理构成的。这类滤波器的优点是电路比较简单，不需要直流电源供电，可靠性高；缺点是通带内的信号有能量损耗，负载效应比较明显，使用电感元件时容易引起电磁感应，当电感量较大时滤波器的体积和质量都比较大，在低频域不适用。

b. 有源滤波器：由无源元件和有源器件组成。这类滤波器的优点是通带内的信号不仅没有能量损耗，而且还可以放大，负载效应不明显，多级相联时相互影响很小，利用级联的简单方法很容易构成高阶滤波器，并且滤波器的体积小，质量轻，不需要磁屏蔽；缺点是通带范围受有源器件的带宽限制，需要直流电源供电，可靠性不如无源滤波器高，在高压、高频、大功率的场合不适用。

④根据滤波器的安放位置不同，一般分为板上滤波器和面板滤波器。

（8）阻容吸收模块。它用于吸收和消耗电路断开时感性负载产生的自感电动势，可防止过电压造成的负载绝缘击穿。

优点：它可有效抑制操作过电压的瞬间振荡和高频电流，使过电压的波形变缓，陡度和幅值降低，再加上电阻的阻尼作用，使高频振荡迅速衰减。

缺点：电容器耐压很难达到标准要求，由于阻容过电压吸收器对过电压响应速度非常快，还没来得及动作时过电压已经降到保护器（避雷器）的动作电压以下，其结果是保护器（避雷器）很难起作用。

2005 年后开发的 ZR20 型阻容吸收器采用干式高压电容，耐压绝对达到了系统要求。具有自愈功能的干式高压电容器是名副其实的"保护电容器"，其绝缘水平完全达到了 GB311.1Un 和 1.5Ln 下长期运行、在 2Un 下连接运行 4 h 不出现闪络和击穿的要求。

阻容吸收器是一个频敏元件，不同于压敏元件（如避雷器），其可以看作一个典型的串联 RC 保护电路，R、C、L 同时起作用。阻容电气符号及外形如图 4—1—15 所示。

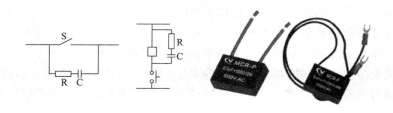

图 4—1—15　阻容电气符号及外形

（9）按钮

1）名词解释。按钮是一种常用的控制电气元件，常用来接通或断开"控制电路"（其中电流很小），从而达到控制电动机或其他电气设备运行目的的一种开关。

2）工作原理。按钮是一种人工控制的主令电器，主要用来发布操作命令，接通或断开控制电路，控制机械与电气设备的运行。按钮的工作原理很简单：对于常开触头（见图 4—1—16a），在按钮未被按下前，电路是断开的，按下按钮后，常开触头被连通，电路也被接通；对于常闭触头（见图 4—1—16b），在按钮未被按下前，触头是闭合的，按下按钮后，触头被断开，电路也被分断。由于控制电路工作的需要，一只按钮还可带有多对同时动作的触头（见图 4—1—16c）。紧急停止按钮用常闭触头切断控制电路（见图 4—1—16d）。复合形按钮既带触头又带指示灯（见图 4—1—16e、f）。按钮电气符号及外形如图 4—1—16 所示。

按钮的用途很广，例如车床的启动与停机、正转与反转等，塔式吊车的启动、停止、上升、下降、前、后、左、右、慢速或快速运行等，都需要按钮控制。

3）组成。按钮由按键、动作触头、复位弹簧、按钮盒组成，是一种电气主控元件。

4）种类。常见的按钮主要有急停按钮、启动按钮、停止按钮、组合按钮（键盘）、点动按钮和复位按钮。

（10）行程开关。行程开关是位置开关（又称限位开关）的一种，是一种常用的小电流主令电器。它利用生产机械运动部件的碰撞使其触头动作来实现接通或分断控制电路，达到一定的控制目的。通常，这类开关被用来限制机械运动的位置或行程，使运动机械按一定位置或行程自动停止、反向运动、变速运动或自动往返运动等。

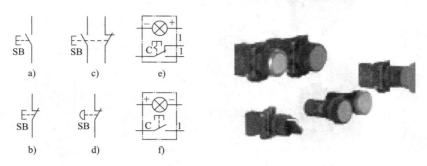

图 4—1—16　按钮电气符号及外形

在电气控制系统中，位置开关的作用是实现顺序控制、定位控制和位置状态的检测，用于控制机械设备的行程及限位保护。它由操作头、触头系统和外壳组成。

在实际生产中，将行程开关安装在预先安排的位置，当装于生产机械运动部件上的模块撞击行程开关时，行程开关的触头动作，可以实现电路的切换。因此，行程开关是一种根据运动部件的行程位置而切换电路的电器，它的作用原理与按钮类似。

行程开关广泛用于各类机床和起重机械，用以控制其行程及进行终端限位保护。在电梯的控制电路中，还利用行程开关来控制开关轿门的速度，自动开关门的限位，轿厢的上、下限位保护。

行程开关可以安装在相对静止的物体（如固定架、门框等，简称静物）上或者运动的物体（如行车、门等，简称动物）上。当动物接近静物时，开关的连杆驱动开关的触头，引起闭合的触头分断或者断开的触头闭合，由开关触头开、合状态的改变去控制电路和机构的动作。

行程开关的电气符号及外形如图 4—1—17 所示。

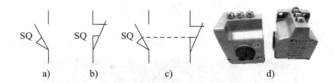

图 4—1—17　行程开关的电气符号及外形

a）常开触头　b）常闭触头　c）复合式行程开关　d）三联体行程开关

通过对以上机床上的低压电器的了解，下面结合实际做个游戏：将断路器、熔断器、按钮、接触器组成一个控制回路，连线并说明，如图 4—1—18 所示。

二、软件组成

1. 无线考核

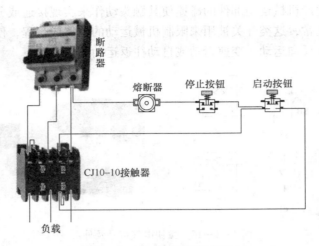

图 4—1—18　控制回路示意图

学生将盘面布置完成后，要检查其是否正确，必须植入考核系统，这样既可以节省教师评分的时间，又体现了考核的公平性。

无线考核分为硬件和软件两部分，下面分述之。

（1）硬件部分。硬件由液晶显示屏、键盘板（DLJC-AJB02. PCB）、故障设置板（DLJC-GZB03. PCB）、机床控制板（DLJC-KZB03. PCB）、机床主芯片板（DLJC-KZB03-1. PCB ）、电源板组成，其电控柜的安装示意图如图 4—1—19 所示。

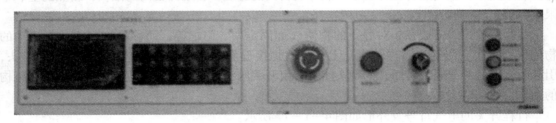

图 4—1—19　硬件安装板示意图

1）操作键盘，如图 4—1—20 所示。

图 4—1—20　操作键盘

操作键盘各按键定义：

"0~9"：学号输入按键。

"0~9、U、V、W、-"：故障线号输入按键。

"确认"：输入内容确认按键。

"下页"：当本题答题完毕时，按下"下页"按钮，进入下一题答题。

"清除"：输入学号、线号时，未点击"确认"键时，清除、修改输入内容的按键。

"交卷"：答题完毕，进行交卷的按键。

"功能"：屏幕刷新按钮（一般不用）。

2）通信功能。DLWW-GX2.0 型网络化智能型无线通信考核鉴定管理系统是采用无线模块使数控机床电控柜与上位机进行通信。无线通信模块形状如 U 盘，插到计算机 U 盘接口上，用于上位机与下位机（数控机床电控柜）数据传输及接收和发送信号。无线模块的通信距离（空旷地）为圆周半径 200 m 左右。一台上位机配置一个无线模块，可同时与多个下位机进行通信。

在无线通信模块的正面有指示灯，通信时指示灯闪烁，表示无线通信模块与上位机通信正常。

3）无线考核的特点

①PC 机：奔Ⅲ以上 PC 机，WINDOWS XP 操作系统。

②软件：智能考核系统专用软件，WINDOWS 视窗界面。

③通信方式：计算机网络通信、RS232 串口通信、I2C 通信。

④故障点范围：主机系统、进给单元、主轴单元、PLC 单元。

⑤故障形式：开路。

（2）软件部分。DLWW-GX2.0 型网络化智能型无线通信考核鉴定管理系统采用无线模块使数控机床电控柜上的无线接收器与上位机的发送器进行通信。教师在上位机上，通过运行 DLWW-GX2.0 型网络化智能型无线通信考核鉴定管理系统软件直接设置故障点，学生通过故障现象，进行排故，确定故障位置后，在数控机床电控柜反面的键盘上操作，输入相应的线号，点击确定，完成答题。如果排故正确，再次启动数控机床时，该故障将排除，上位机直接统计成绩。学生可以进行下一题，所有题目完成后，如皆排故正确，再次启动数控机床时，机床将正常运行。

讲到软件，不得不讲到它的安装，这是每位学生学习的必经之路。

1）软件安装。将光盘放入光驱，手动运行光盘根目录下的 setup. exe。屏幕显示如图 4—1—21 所示。

安装步骤：将光盘根目录下的"数控机床维修考核系统"文件夹复制到主机 D:\目录下。

左键双击"安装包"文件夹，如图 4—1—22 所示。

双击 setup. exe，弹出"安装"对话框，等待安装，如图 4—1—23 所示。

系统复制完文件后，"安装"对话框自动关闭，弹出"设置"对话框，单击"忽略"，设置对话框关闭。系统再次复制文件［正在复制 msvbvm60. dll（9 of 9）］，如图 4—1—24 所示。

图 4—1—21　安装目录

图 4—1—22　安装包

图 4—1—23　等待安装

　　系统复制完文件后，弹出"DLWW-GX2.0 网络化智能型无线通讯实训考核鉴定管理系统"安装界面，在对话框中单击"确定"，如图 4—1—25 所示。

图 4—1—24　关闭设置对话框

当关闭上一个"安装程序"对话框时，又弹出下一个"安装程序"对话框，表示目录存储在 C 盘（可更改目录存储盘位置），单击"图标按钮"关闭对话框，进行安装，如图 4—1—26 所示。

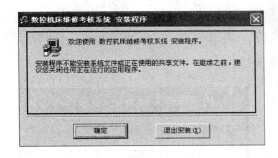

图 4—1—25　安装开始

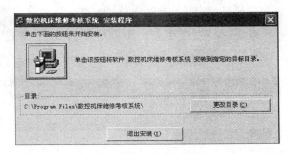

图 4—1—26　选择目录

系统弹出下一安装程序对话框，在对话框内选择程序组列表，如图 4—1—27 所示。单击"继续"，系统显示"正在安装数据访问部分"。

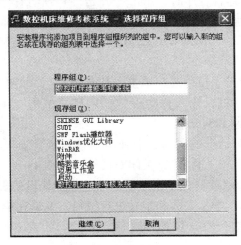

图 4—1—27　选择程序组

系统将目标文件安装完毕，会弹出"安装信息"对话框，在对话框内单击"否"，关闭对话框，如图4—1—28所示。

系统弹出下一个"安装信息"对话框，在对话框内单击"是"，关闭对话框进行下一步安装，如图4—1—29所示。

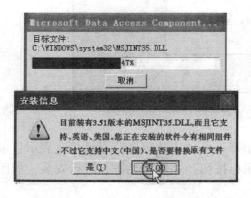

图4—1—28　安装信息1

图4—1—29　安装信息2

系统进行安装更新，更新完毕弹出"安装成功"，单击"确定"，安装完成，回到系统初始界面，如图4—1—30所示。

图4—1—30　安装完成

2）系统软件的应用。运行程序时，单击"开始"→"所有程序"→"Autodest"→"DLWW-GX2.0网络化智能型无线通讯实训考核鉴定管理系统"，这时会弹出"数控机床维修考核系统"对话框，单击"确定"。"DLWW-GX2.0网络化智能型无线通讯实训考核鉴定管理系统"界面打开。

单击"系统管理"，弹出下拉列表，单击"建年级库"，如图4—1—31所示。

弹出"密码录入"对话框，输入你想设定的密码，单击"确认"，关闭对话框，如图4—1—32所示。初始密码为123456。

在关闭"密码录入"对话框的同时，会弹出"建年级字典"对话框，在对话框内可以编辑添加年级。录入完毕单击"退出"，关闭对话框，如图4—1—33所示。

建完年级库后，编辑班级库。先单击对话框左边想要编辑的班级，再单击对话框右边的"编辑年级库"对班级名称、学生人数和学号进行编辑。编辑完毕，点击"确认"后，单击"退出"，关闭对话框，如图4—1—34所示。

图 4—1—31 应用 1

图 4—1—32 应用 2

图 4—1—33 应用 3

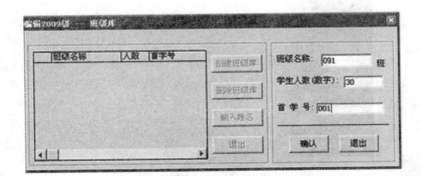

图 4—1—34 应用 4

再次回到"DLWW-GX2.0 网络化智能型无线通讯实训考核鉴定管理系统"界面，点击人工录入，可以方便找到想要录入学生的位置，进行录入，如图4—1—35所示。

图4—1—35　应用5

在菜单栏的"成绩管理"中，可以查询班级、年级的科目成绩，进行成绩的管理，如图4—1—36所示。

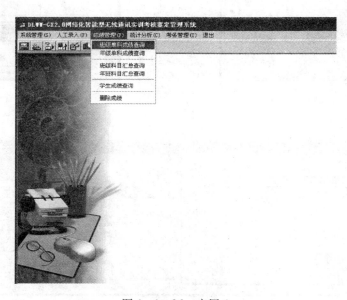

图4—1—36　应用6

在菜单栏的"统计分析"中，可以设定并统计班级的优秀率、及格率，对班级成绩进行分析，反馈班级的学习情况，如图 4—1—37 所示。

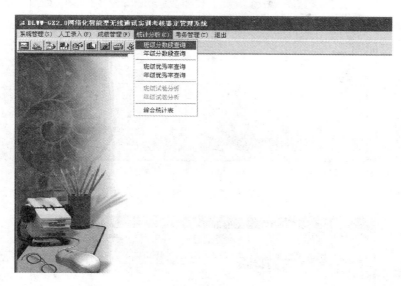

图 4—1—37　应用 7

在菜单栏的"考务管理"中，可以对考试方案进行管理，可以随意选择不同的机床设置不同的故障，如图 4—1—38 所示。

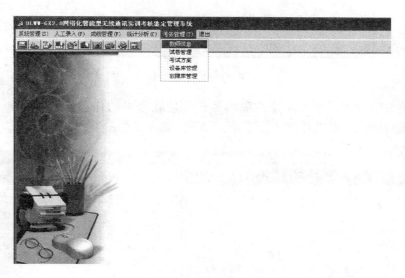

图 4—1—38　应用 8

在菜单栏的"考务管理"中，单击"教师信息"，弹出"密码"对话框，输入预先设定的密码，单击"确定"，弹出"教师信息库管理"对话框，在该对话框中可以对考生信息进行管理，如图 4—1—39 所示。

在菜单栏的"考务管理"中，单击"试卷管理"，弹出"试卷数据库管理"对话框。

选择试卷名和编号，就可以对考题进行添加、删除设计，如图 4—1—40 所示。

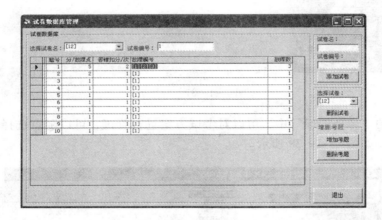

图 4—1—39　应用 9

图 4—1—40　应用 10

如果想更改故障点，可以单击故障编号栏相应题号中的任意处，会弹出"题号选择"对话框，在该对话框中可以任意选择题号，设置故障点，如图 4—1—41 所示。

图 4—1—41　应用 11

单击菜单栏的"考务管理"中的"设备库管理",弹出"设备库管理"对话框,在该对话框中可以添加或删除设备,如图4—1—42所示。

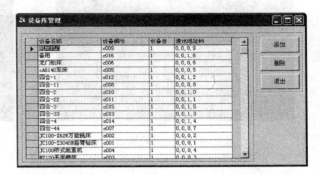

图4—1—42　应用12

单击菜单栏的"考务管理"中的"故障库管理",弹出"故障库"对话框,可以对相应机床故障点进行添加或删除,如图4—1—43所示。

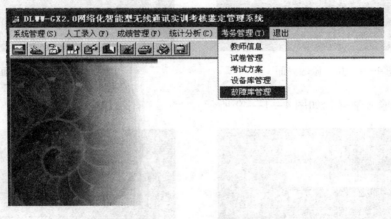

图4—1—43　应用13

操作提示

如技术员已调试完成,在设备固定的情况下,请勿随意修改设定"设备库管理""故障库管理"。

(3)机床智能考核系统的使用。系统上电,显示画面如图4—1—44所示。

1)按"0"键,选择单机运行,进入选择机床类型画面,按上下键,选择机床类型,按确认键进入故障设置界面,如图4—1—45所示。

按交卷键进入做题界面,如图4—1—46所示。

按交卷键交卷,如图4—1—47所示。

如果需要重新开始,按"0"键。

2)在初始页面下,按"1"键,选择联机方式。当教师开启"DLWW-GX2.0网络化智能型无线通讯实训考核鉴定管理系统"界面时,单击"考务管理"中的"考试方案",显示屏会自动打开界面，如图 4—1—48 所示。

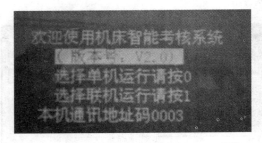

图 4—1—44 开机画面

图 4—1—45 故障设置界面

图 4—1—46 做题界面

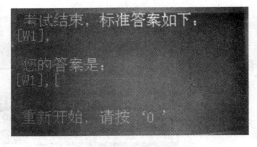

图 4—1—47 交卷界面

屏幕提示输入学号，如图 4—1—49 所示。

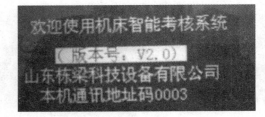

图 4—1—48 自动打开界面

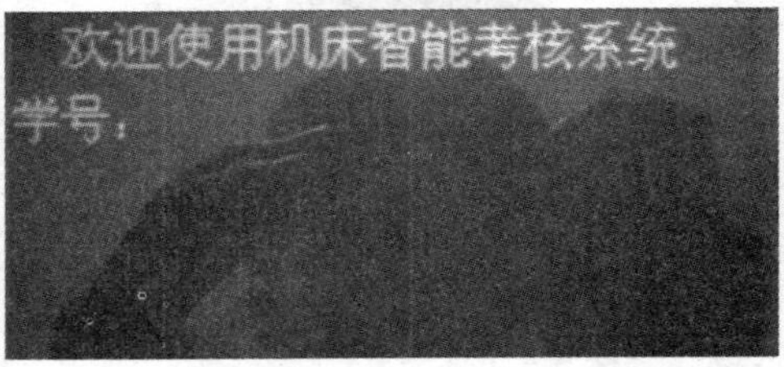

图 4—1—49 输入学号

屏幕提示学号确认，如图 4—1—50 所示。

学生操作完成之后，教师在上位机上开启"DLWW-GX2.0 网络化智能型无线通讯实训考核鉴定管理系统"界面的考务管理中的"考试方案"，选定并设置考试方案后，按"开始考试"键后，考试开始，考生对机床进行排除故障，找出故障位置，输入故障线号。当考生输入此题故障线号时，紧接着会出现下个故障点输入提示。考生继续对机床排除故障，然后输入故障线号，如图 4—1—51 所示。

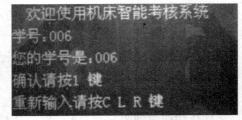

图 4—1—50 学号确认

考生答题完毕点"交卷"键后或是考试时间到后，屏幕显示"考试结束"，如图 4—1—52 所示。

 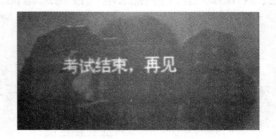

图 4—1—51　故障界面　　　　　　　　　图 4—1—52　考试结束界面

操作提示

1. 答题时注意保存答题信息，以防误操作或其他因素引起的设备故障。

2. 交卷后，请等待系统自动保存，不要马上断电。

3. 按键操作规范，不能随意输入，请按步骤正确操作。无线网络拓扑图如图 4—1—53 所示。

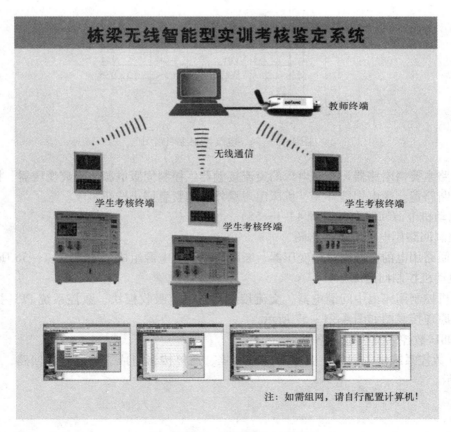

图 4—1—53　无线网络拓扑图

2. 808D 软件的安装（同车床部分）

三、VM320 型数控铣床电气控制原理图

1. 电气控制主回路图（见图 4—1—54）

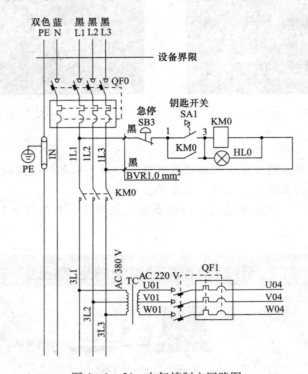

图 4—1—54　电气控制主回路图

　　主回路主要由断路器、控制电源的交流接触器、控制伺服电源的隔离变压器、控制伺服驱动器的断路器、送电钥匙开关、机床出现意外时的紧急停止按钮组成。

　　2. 电动机电源回路图（见图 4—1—55）

　　3. 控制回路用电的电源回路图

　　控制回路用电的电源回路由变压器、断路器、开关电源组成，如图 4—1—56 所示。

　　4. 电动机控制回路图

　　电动机控制回路由中间继电器、交流接触器、阻容吸收模块、数控系统 PPU 接口单元组成，其原理接线图如图 4—1—57 所示。

　　5. 808D 数控系统供电回路图

　　808D 数控系统供电回路主要由中间继电器、启停按钮组成，构成电源回路，如图 4—1—58 所示。

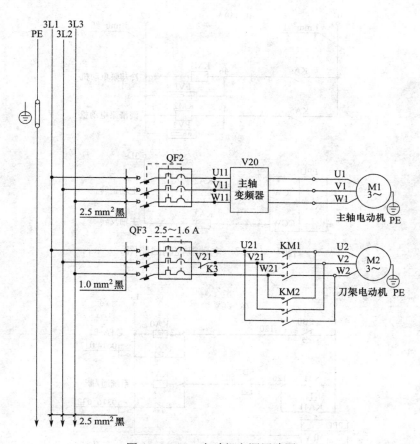

图 4—1—55 电动机电源回路图

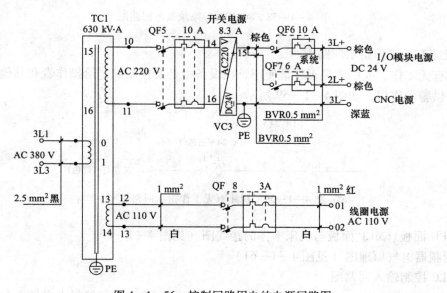

图 4—1—56 控制回路用电的电源回路图

207

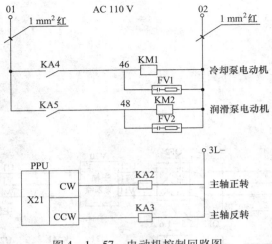

图 4—1—57　电动机控制回路图

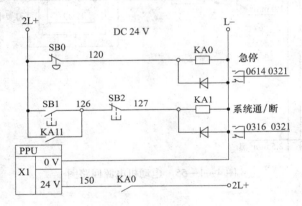

图 4—1—58　808D 数控系统供电回路图

6. 机床有无工作指示回路图

机床有无工作，或机床是否正常使用，在设备中是要控制的，给操作者和其他正在工作的人员提供警示作用，如图 4—1—59 所示。

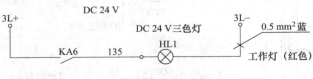

图 4—1—59　机床有无工作指示回路图

7. PPU 面板、MCP 面板与机床本体的接线图（见图 4—1—60）

8. 变频器电气原理图（见图 4—1—61）

9. PLC 控制输入回路图

PLC 输入部分由图 4—1—62 和图 4—1—63 两张图构成，主要控制机床各主令开关量信

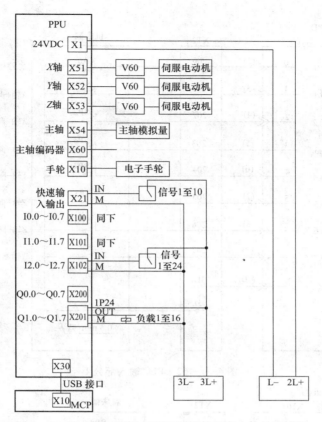

图 4—1—60 PPU 面板、MCP 面板与机床本体的接线图

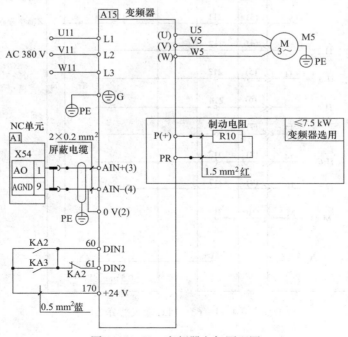

图 4—1—61 变频器电气原理图

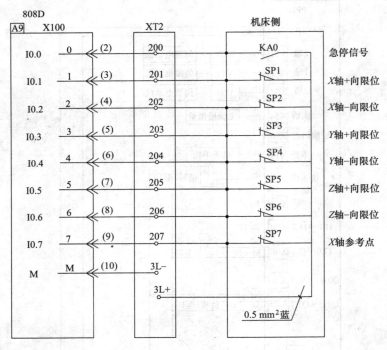

图 4—1—62　PLC 输入部分 1

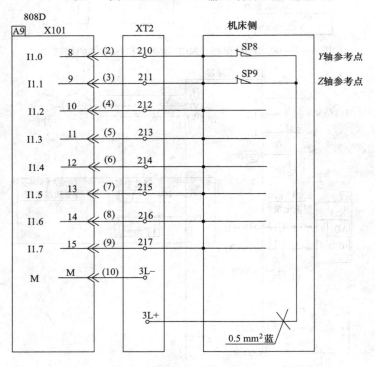

图 4—1—63　PLC 输入部分 2

号，如机床侧的行程限位和参考点信号，另外还有机床紧急停车信号。像润滑报警、水位低、油位低这类控制不再单独讲，其控制方式可以参照普通机床的原理。

10. PLC 控制输出信号

PLC 输出部分主要控制冷却泵电动机和润滑泵电动机，另外还有机床信号灯，其控制原理图如 4—1—64 所示。

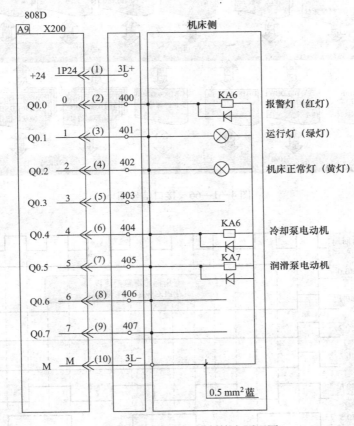

图 4—1—64　PLC 控制输出原理图

四、PLC 接口信号及编程指令

PLC 应用程序通过 PLC 接口信号和输入/输出信号实现 NCK、HMI、MCP 和输入/输出的信息交换，如图 4—1—65 所示。

1. 接口信号（见图 4—1—66）

2. PLC 编程语言操作符号

专用标志寄存器如图 4—1—67 所示。

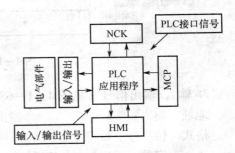

图 4—1—65　PLC 应用程序工作示意图

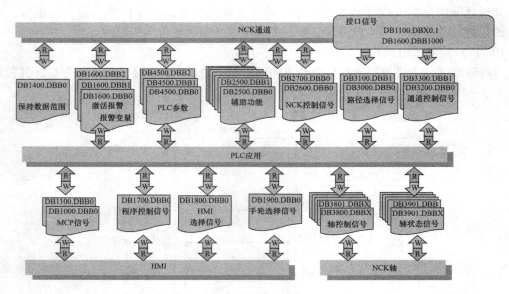

图 4—1—66 接口信号图

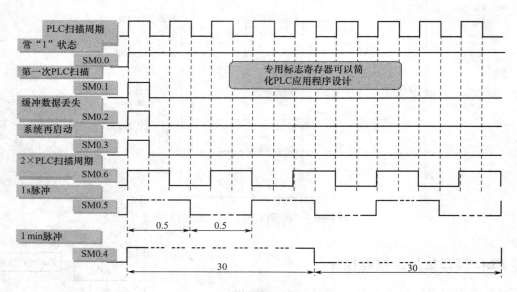

图 4—1—67 专用标志寄存器

3. 输入/输出信号（见图 4—1—68）

地址	输入：I		输出：Q	
格式	位 I0.0	I4.6	Q2.1	Q1.7
	字节 IB4	IB12	QB3	QB7
	字 IW2	IW4	QW0	QW6

（地址尾数可被 2 整除）

双字　ID4　ID8　　　QD0　QD4

（地址尾数可被 4 整除）

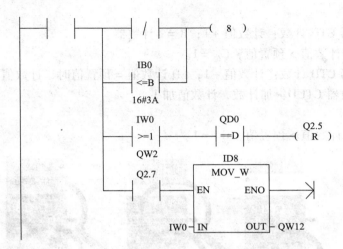

图 4—1—68　输入／输出信号

4. 累加器（AC 最多 4 个）

格式：算术累加器 AC0、AC1，逻辑累加器 AC2、AC3。

5. 标志寄存器（见图 4—1—69）

位　　　M0.1　　M124.5

字节　　MB21　　MB12

字　　　MW22　　MW106

（地址尾数可被 2 整除）

双字　机床数据 4　机床数据 28

（地址尾数可被 4 整除）

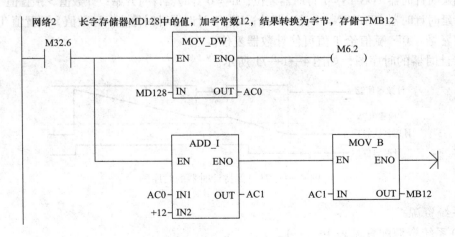

图 4—1—69　标志寄存器

6. 计数器（见图 4—1—70）

形式：计数器状态位 C3、C25（表示计数器数与预置值的比较结果）。

类型：

（1）加计数器 CTU 计数：计数值 +1；R = 1 计数器。

复位：计数器计数值 > 预置值，$C_{位}$ = 1。

（2）减计数器 CTD 计数：计数值 −1；LD 计数值 = 预置值时，计数值 = 0，$C_{位}$ = 1。

（3）加减计数器 CTUD：加计数，计数值加 1。

计数值 R = 1。

计数器复位：计数值 > 预置值，$C_{位}$ = 1。

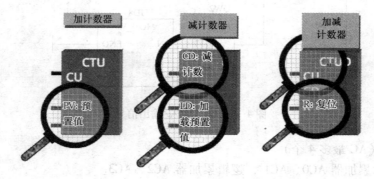

图 4—1—70 计数器

7. 计时器

格式：计时器状态位 T3、T25（表示计时器计时值与预置值比较的结果）。

计时值字 T3、T25（表示计时器的计时值）。

类型：开启延时计时器 TON IN = 1 计时开始；IN = 0 计时器复位；计数值 > 预置值 $T_{位}$ = 1。

关闭延时计时器 TON IN = 1 计时器复位；IN = 0 计时器计时开始；计数值 > 预置值 $T_{位}$ = 0。

保持延时计时器 CTUD IN = 1 计时开始；IN = 0 计时器计时停止；计数值 > 预置值 $T_{位}$ = 0。

将字常数 "0" 赋值给 T 值可使计数器复位。

保持计时器的时序图，如图 4—1—71 所示。

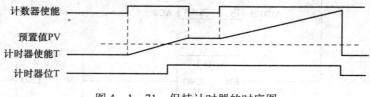

图 4—1—71 保持计时器的时序图

8. 系统资源

808D 系统资源配置见表 4—1—1。

表 4—1—1   808D 系统资源配置

名称	资源	说明
PLC 资源	输入	I0.0 ~ I2.7（CNC 模块上的 24 个输入） I3.0 ~ I8.7（可以扩展的 48 个输入）
	输出	Q0.0 ~ Q1.7（CNC 模块上的 16 个输入） Q2.0 ~ Q5.7（CNC 模块上的 32 个输入）
	存储器	M0.0 ~ M255.7（共 256 个字节）
	保持存储器	DB1400.DBX0.0 ~ DB14000.DBX127.7（共 128 个字节）
	PLC 用户报警	DB1600.DBX0.0 ~ DB16000.DBX15.7（共 128 个用户报警）
	计时器	T0 ~ T15（100 ms 计时器） T16toT32（10 ms 计时器）
	计数器	C0 ~ C63（64 个计数器）
NC 资源	机床数据 14510（32）	机床数据 INT：DB5400.DBW0 ~ DB4500.DBW62（32 个双字节）
	机床数据 14514（32）	机床数据 HEX：DB4500.DBB1000 ~ DB4500.DBB1031（32 个字节）
	机床数据 14514（8）	机床数据 REAL：DB4500.DBD2000 ~ DB4500.DBD2028（8 个双字节）
编程工具 资源	子程序（64）	SBR0 ~ SBR63（共 64 子程序）
	符号表（32）	SYM1 ~ SYM32（共 32 个符号表）

（1）位常数定义见表 4—1—2。

表 4—1—2   位常数定义

输入	符号	位置
"1"	ONE	SM0.0
"2"	ZERO	M125.0

（2）无效输出定义见表 4—1—3。

表 4—1—3   无效输出定义

数据类型	符号	地址
位	NULL_b	M255.7
字节	NULL_B	M255
字	NULL_W	MW254
双字	NULL_DW	机床数据 252

操作提示

　　PLC 子程序中使用的所有地址均采用符号编程。所有接口信号均以符号命名，并安排在不同的符号表中。符号命名遵循一定的约定，参考 PLC 子程序库说明。

（3）模块地址见表 4—1—4。

表 4—1—4　　　　　　　　　　　　　　　模块地址

数据类型	符号	地址
1	PP_1	模块输入/输出，由设计员进行定义
……	……	……
4～15	预留	为制造商预设置
16	IS_MCP	送至或来自机床控制面板 MCP 信号
……	……	……

9. PLC 子程序库

子程序库的目的：为简化程序员的编程工作，将具有共性的 PLC 功能，如初始化、机床面板信号处理、急停处理、轴的使能控制、硬限位、参考点等，提炼成子程序库。程序员只需将所需的子程序模块添加到主程序中，再加上其他辅助动作的程序，即可非常快捷地完成 PLC 程序的编写工作。

操作提示

通过这些应用程序实例，可以了解如何创建和调用 PLC 子程序。可以通过重组 PLC 子程序或修改一些必要的网络来实现更多实用的机床功能。请根据实际情况，对所使用的子程序库中的子程序在机床上进行全面测试与调试，确保子程序库的功能正确无误。

PLC 基本功能的实现是调试驱动器和 808D 系统参数的基本条件。

通过调用 PLC 样例子程序或手工编写 PLC 程序，所有与安全相关的功能必须生效，如急停、限位等，操作功能也必须生效，如方式选择、手动控制、倍率设定。

PLC 样例子程序可实现丰富的机床功能，见表 4—1—5。

表 4—1—5　　　　　　　　　　　　　　　子程序库

数据类型	符号	地址
0～19	……	保留
SBR20	AUX_MCP	用于机床辅助功能
SBR21	AUX_LAMP	工作灯
SBR22	AUX_SAFE_DOOR	安全门
SBR23	AUX_CHIP	排屑机
SBR31	PLC_ini_USER_ini	保留初始化程序（由子程序 32 自动调用）
SBR32	PLC_INI	PLC 初始化
SBR33	EMG_STOP	急停处理
SBR37	MCP_NCK	来自 MCP 和 HMI 的信号传送至 NCK 接口
SBR38	MCP_Tool_Nr	MCP 上刀具号显示
SBR39	HANDWHL	根据 HMI 接口信号选择手轮
SBR40	AXES_CTL	主轴和进给轴控制
SBR41	MINI_HHU	手轮手持单元
SBR42	SPINDLE	主轴控制

续表

数据类型	符号	地址
SBR43	MEAS_JOG	JOG 方式的测量
SBR44	COOLING	冷却处理
SBR45	LUBRICATE	润滑控制
SBR46	PI_SERVICE	异步子程序
SBR47	PLC_Select_PP	PLC 选择子程序
SBR48	ServPlan	维护计划
SBR49	GearChg1_Auto	主轴自动换挡
SBR50	GearChg2_Virtual	虚拟主轴换挡
SBR54	TOOL_DIR	判断就近换刀的方向
SBR58	MM_MAIN	手动加工
SBR59	MM_MCP_808D	手动机床的主轴信号处理
SBR63	TOGGLE	保持开关与延迟开关
34 ~ 36/57/61/62	……	未占用，为用户预留

五、808D 通电调试及程序编写

1. 通电准备

电气线路接线完成后，应使用万用表的电阻挡测量各根导线的电阻值，由此来判断接线的正确性。必须根据原理图进行测量，各回路全部接线准确无误后，再将输出轴端的电缆与 VM320 型数控铣床各轴电动机一一对应连接好，然后把电控柜中的所有空气开关、断路器、熔断器打至断开位，按下急停开关，钥匙开关打至"断"位，最后再给电控柜接入外部电源。

使用万用表的电压挡测量外部电源的三相电源，确认其是在 AC 380 V 范围之内，且三相电源是平衡和稳定的，方可进行下一步工作。外部电源正常且满足本设备用电需要后，可以进行下一步操作。

2. 确认 808D 产品序列号

SINUMERIK 808D 序列号的获取方法有：

（1）通过系统背面的产品标签获得，如图 4—1—72 所示。

图 4—1—72　PPU 背面示意图

（2）通过系统软件显示获得。系统开机后，同时按上档键 和诊断/系统键 进入系统操作区域，如图4—1—73所示。

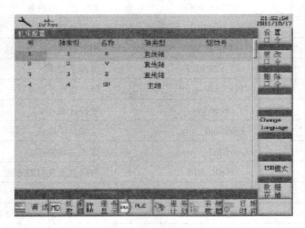

图4—1—73　808D调试界面

按"服务显示"软键 进入轴信息页面，如图4—1—74所示，再按"版本"软键 即可进入版本信息界面，如图4—1—75所示，以SZV开头的号码即为需要登记的产品序列号信息。

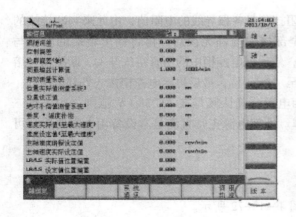

图4—1—74　轴信息页面

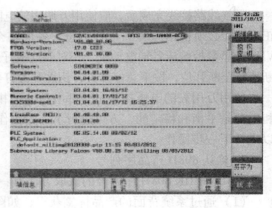

图4—1—75　版本信息界面

3. 电源连接

（1）PPU电池连接。电池位于电池槽中，接通控制器之前应先接通电源。未连接电池时系统会产生报警，而且系统断电后数据会丢失，如图4—1—76所示。

操作提示

在插电池时，要确保插槽向上，否则控制器启动后会出现"NCK电池报警"。如果未正确地插入电池，当发生非正常断电时，会丢失数据。

（2）控制柜逐级上电，每一级均要进行电压测量，确保万无一失。然后才能给808D系

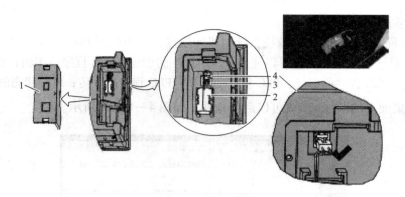

图 4—1—76 电池连接

1—池仓 2—电池 3—电池插槽 4—电池接口

统供电。

4. 808D 数控系统功能调试

（1）调试流程图（见图 4—1—77）

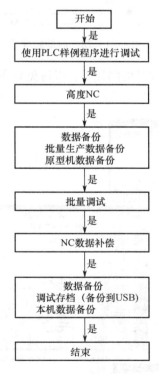

图 4—1—77 调试流程图

1）设置 PLC 相关参数。

2）设置轴相关参数。

3）反向间隙补偿。

4）丝杠螺距补偿。

5）设置软限位。

（2）PLC 程序调试。为了将数控系统与机床连接，必须调用 PLC 编程工具，来设计机床的电气逻辑。通过 PLC 编程软件可以完成：PLC 程序的创建；PLC 程序的编辑；建立编程工具与系统的连接；PLC 程序的编译；PLC 程序的下载；PLC 程序的上传；PLC 状态的监控。

1）双击桌面上的图标 就可以启动软件，如图 4—1—78 所示。

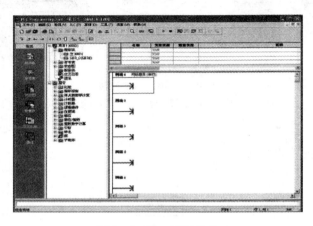

图 4—1—78　启动软件

2）打开实例程序后将其保存在其他路径下，以避免对原有实例程序的改动，如图 4—1—79 所示。

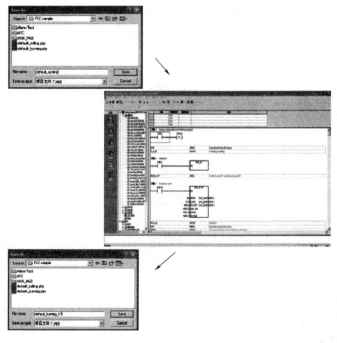

图 4—1—79　保存在其他路径

3）安装软件时，PLC 编程工具有 5 种语言供选择，可以按照顺序选择需要的语言，如中文。确认后，软件会自动关闭，再次打开时语言转换为中文，如图 4—1—80 所示。

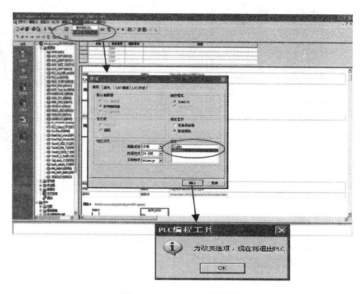

图 4—1—80　选择语言

4）PLC 工具一览，如图 4—1—81 所示。

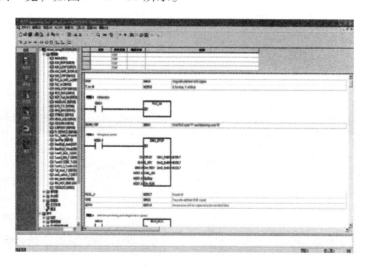

图 4—1—81　工具

5）只需选中指令，就能随时编辑每条指令的地址，如图 4—1—82 所示。

6）按下通信图标 ▣ ，然后双击，如图 4—1—83 所示。

7）在 808D 上选定激活连接，确认波特率与计算机一致，均为 38400，然后按下载激活键，当出现图标 ▣ 代表连接已激活，如图 4—1—84 所示。

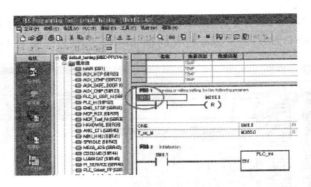

图 4—1—82　编辑指令地址

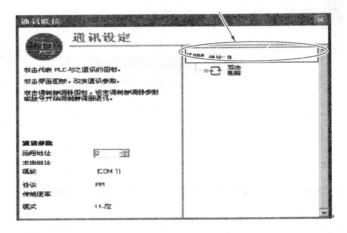

图 4—1—83　进入通信

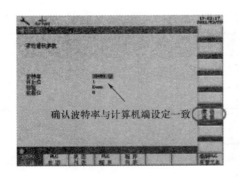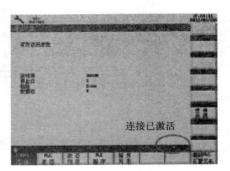

图 4—1—84　激活

8）继续在计算机上确认，完成如图 4—1—85 所示的操作。

9）连接已建立，如图 4—1—86 所示。

10）修改 PLC 的类型，如图 4—1—87 所示。

11）编辑和修改 PLC 程序后，通过编译来检查语法错误，如图 4—1—88 所示。

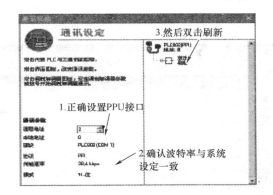

图 4—1—85　确认操作

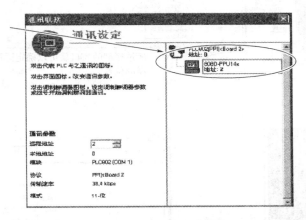

图 4—1—86　建立连接

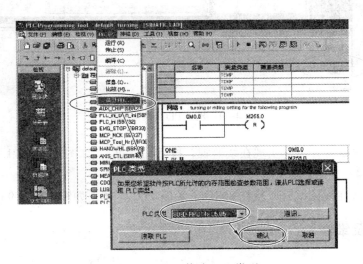

图 4—1—87　修改 PLC 类型

12）PLC 程序下载，如图 4—1—89 所示。

13）程序下载完成后，按下运行模式，如图 4—1—90 所示。

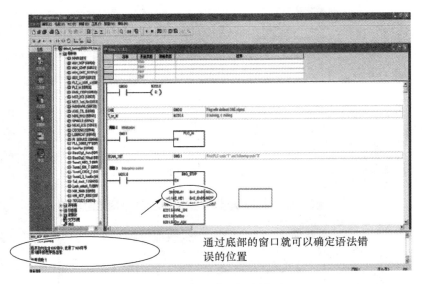

通过底部的窗口就可以确定语法错
误的位置

图 4—1—88　检查语法错误

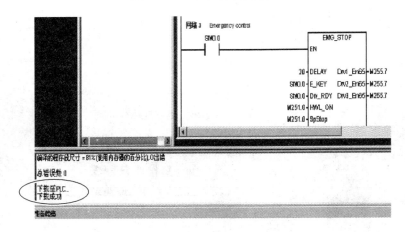

图 4—1—89　PLC 程序下载

14）PLC 程序运行，可以实现在线监视，按下图标 █ ，如图 4—1—91 所示。蓝色表示
连接状态，如图 4—1—92 所示。

15）务必确认在线调试完成且在 808D 上关闭 PLC 连接，如图 4—1—93 所示。

六、故障诊断及维修

1. PLC 报警

PLC 报警是为用户提供的最有效的诊断手段。机床的诊断是设计出来的。设计完善的诊
断方案可以帮助用户立即确定故障的原因和位置，如图 4—1—94 所示。

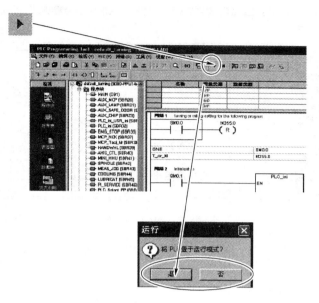

图 4—1—90　运行

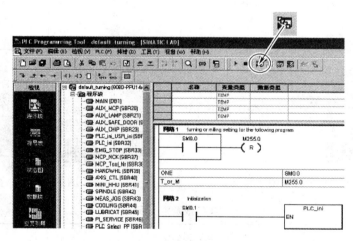

图 4—1—91　在线监控 1

系统为用户提供了 128 个 PLC 用户报警，每个用户报警对应一个 NCK 地址位：DB1600. DBX0. 0 ~ DB1600. DBX15. 7。该地址位置位"1"可激活对应的报警，复位"0"则清除报警。在 PLC 交叉索引表中，通过查找上述地址，可找到触发 PLC 报警的原因，见表4—1—6。

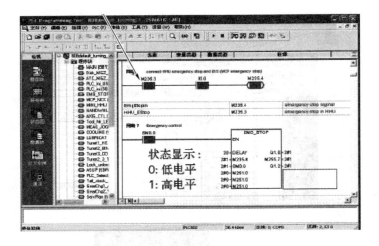

图 4—1—92　在线监控 2

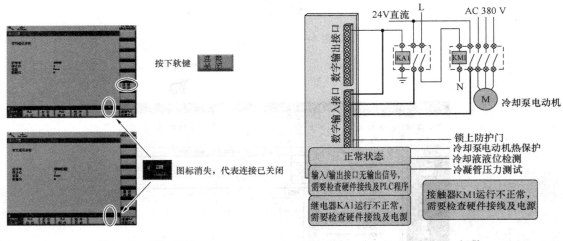

图 4—1—93　关闭

图 4—1—94　报警

表 4—1—6 **PLC 报警索引表**

报警号	PLC 信号	PLC 报警变量	报警属性设定	报警文本
700000	DB1600. DBX0. 0	DB160000. DBD1000	机床数据 14516［0］	
……	……	……	……	……
700016	DB1600. DBX2. 0	DB16000. DBD1064	机床数据 14516［16］	驱动器未就绪
700018	DB1600. DBX2. 2	DB16000. DBD1072	机床数据 14516［17］	冷却泵电动机过载
……	……	……	……	……
700127	DB1600. DBX15. 7	DB16000. DBD1508	机床数据 14516［127］	用户报警 127

操作提示

报警清除条件：

（1）上电清除：在报警条件取消后，要重新上电方可清除报警。

（2）按清除键清除或复位键清除：在报警条件取消后，按清除键或复位键可清除报警。

（3）自消除：在报警条件取消后，报警自动清除。

2. 报警响应

报警产生后，可通过以下两种方式进行响应：

（1）PLC 响应。编写 PLC 程序，通过相应的 PLC 接口实现响应，如在报警时取消轴使能。

（2）NC 响应。每个报警具有一个配置 8 位参数的机床数据 14516［0］~［127］，根据实际情况可设定每个报警的清除条件和报警响应。报警产生时系统据此自动作出相应的响应，如图 4—1—95 所示。

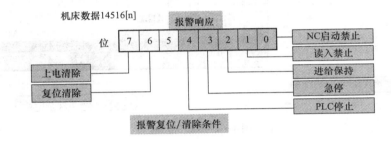

图 4—1—95　NC 相应

3. 通过 HMI 编辑 PLC 用户报警

通过 HMI 编辑可直接在 808D 系统中创建 PLC 用户报警，如图 4—1—96 所示。

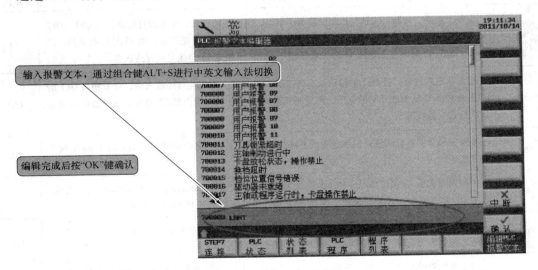

图 4—1—96　HMI 编辑

4. 通过在线显示 PLC 程序来检查 PLC 状态和判断逻辑错误或外部电路错误（见图 4—1—97）

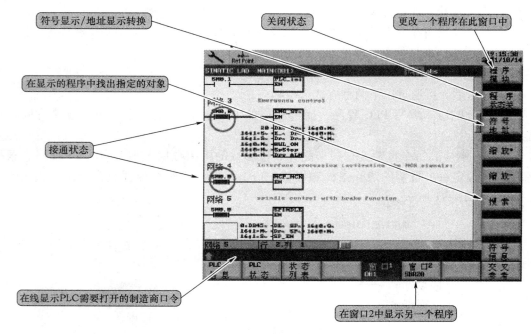

图4—1—97　检查

5. 数控铣床故障现象一览表（见表4—1—7）

表4—1—7　　　　　　　　　　　数控铣床故障现象一览表

故障点	故障现象	故障代码
K1	设备上电后，伺服\主轴\控制回路都不带电，但电源箱有电，变压器有输出，查 QF1、QF2 输入端无 AC220 V 电压，用万用表测量发现 QF1 上端的 11 号与变压器端的 13 号线有电压；而 QF1 上端的 13 号与变压器的 11 号无电压输出，由此可断定 13 号线呈现开路状态	13
K2	变频器不能供电，查 QF1 的输出端有 AC220 V 的电压，查变频器的输入端，量 L 相与 QF1 的输出端 U02 号有 AC220 V 的电压，再量变频器的 N 相与 QF1 输出端 02 号无电压，由此可断定 U02 呈现开路状态	U02
K3	X 轴伺服驱动器合闸后，伺服驱动器不显示，查线路发现伺服驱动器的 S 端的线号 03 呈现开路状态	03
K4	控制回路无输入/输出信号，初步判断是 DC24 V 电源没通，最后查是 QF3 的输入端无电源，而 QF4、QF5 有电，开关电源也有 DC24 V 输出，由此可断定是 15 号线有问题	15
K5	数控系统无法供电，当按下启动按钮 KA0 根本不能吸合，用表测量发现 3L-与 126 处在 24 V 电压，与 127 无电源，由此可断定是 127 号线有问题	127
K6	数控系统能瞬间供电，但松开按钮后，系统断电，KA0 能吸合但不能锁，由此可断定 126 号线呈现开路状态	126

续表

故障点	故障现象	故障代码
K7	主轴电动机不能正向启动，但能反转，说明电动机回路没有问题，查 PLC 的输出 Q0.0 已有输出，但发现继电器 KA1 不能吸合，由此可断定 400 呈现开路状态	400
K8	冷却泵电动机不能运行，PLC 有输出，但 KA3 不能吸合，线圈的公共端有电压，由此可断定 402 呈现开路状态	402
K9	润滑泵电动机不能运行，PLC 有输出，但 KA4 不能吸合，线圈的公共端有电压，由此可断定 403 呈现开路状态	403
K10	当按下数控系统操作面板的 K1 键时，$X/Y/Z$ 轴的三个伺服电动机都显示 "BB" 状态，而不是 "RUN" 状态，表示伺服电动机无法工作，经查发现 KA5 不能吸合，由此可断定 403 呈现开路状态	426
K11	主轴电动机不转，变频器处于运行状态，查主轴电动机端有一相输出不正常，缺相	U5
K12	润滑泵电动机不能运转，但 KA4 已吸合，经查 KM3 不能吸合，发现 108 呈现开路状态	108
K13	冷却泵电动机不能运转，但 KA3 已吸合，经查 KM2 不能吸合，发现 110 呈现开路状态	110
K14	冷却泵电动机运转不正常，但 KA3 已吸合，经查 KM2 能吸合，电动机缺相运转，发现 U6 呈现开路状态	U6
K15	润滑泵电动机运转不正常，但 KA4 已吸合，经查 KM3 能吸合，电动机缺相运转，发现 U31 呈现开路状态	U31

任务实施

一、任务准备

实施本任务所需要的实训设备清单见表 4—1—8。

表 4—1—8 实训设备清单

序号	设备与工具	型号与说明	数量
1	电气配电盘	800×600	1 块
2	电气元件	见电气元件清单	1 套
3	电气原理图		1 份
4	工具		1 套
5	安装用资料		1 套

二、铣床的解读

1. 在指导教师的指导下，对照数控铣床了解其主要结构和功能，并正确填写表 4—1—9。

2. 在指导教师的指导下，仔细观察数控铣床及其电气控制柜，并对照如图 4—1—98 所示数控铣床电气整机连接示意图，识别各电气元件的型号、位置和用途，并正确填写表 4—1—10。

表 4—1—9 数控铣床主要结构的功能

序号	结构名称	功能
1	数控系统	
2	变频器	
3	伺服驱动器	
4	考核系统	
5	低压元器件	

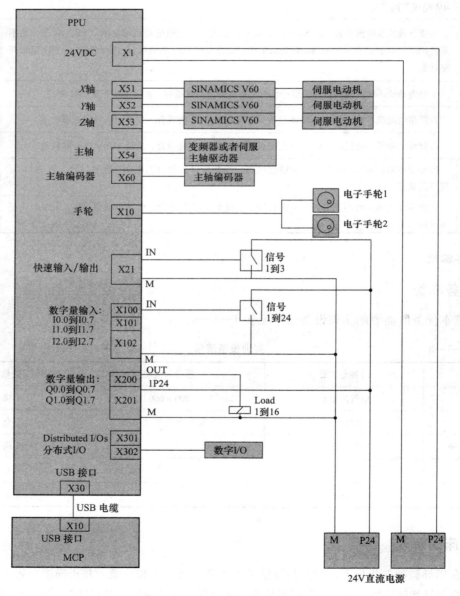

图 4—1—98 808D 数控系统电缆连线图

表 4—1—10   电气元件的型号和用途

序号	电器名称	型号	用途
1	数控系统		
2	变频器		
3	$X/Y/Z$ 伺服驱动器		
4	伺服变压器		
5	开关电源		
6	润滑泵		
7	电动刀架		
8	$X/Y/Z$ 轴限位开关		
9	低压元器件		

3. 根据图 4—1—98 对设备的电缆部分进行连线操作。

4. 由指导教师指导学生对电控柜进行检查，应准确无误，如图 4—1—99 所示。

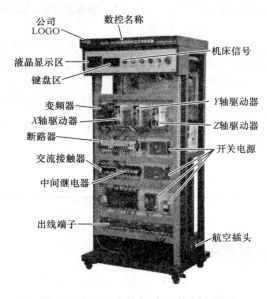

图 4—1—99   电控柜装配完成效果图

操作提示

本教材所涉及的工作任务，在实施过程中都应遵守以下安全文明生产规定：

1. 使用规则电压并带接地保护，以防电击和其他事故发生。

2. 遵守电气操作安全规程，严格按照规程操作，以防触电。

3. 根据数控机床说明书进行正常操作。

4. 实训场所严禁嬉戏。

5. 任务严格按照 7S 标准执行。

任务测评

完成操作任务后，学生先按照表4—1—11进行自我测评，再由指导教师评价审核。

表4—1—11 评分标准

序号	项目	考核内容及要求	配分	评分标准	扣分	得分
1	任务准备	检查工具、资料是否准备齐全	10	(1) 工具不齐全，每少一件扣0.5分 (2) 资料不齐全，扣3分		
2	数控系统	解读数控系统的型号、功能	20	(1) 不能正确填写型号，扣10分 (2) 不能正确解读数控系统的功能，扣10分		
3	低压电器	能识别各类低压电器及作用	20	(1) 不能正确说出各类低压电器的型号，每种扣1分 (2) 不会使用低压电器，扣2分		
4	进给系统	能识别伺服驱动器、伺服变压器、进给机构、伺服电动机并说出其作用及它们在机床中的位置	20	(1) 不能正确说出伺服驱动器型号及用途扣5分 (2) 不能正确说出伺服电动机型号及用途扣5分 (3) 不能正确说出伺服变压器的各组电压及用途扣5分 (4) 不能正确指出各部件的机床位置扣5分		
5	辅助装置	能识别润滑泵、水泵型号并说出其用途及位置	20	(1) 不能正确指出润滑泵在机床的位置及其作用扣10分 (2) 不能说出水泵型号并说出其用途扣10分		
6	安全文明生产	应符合国家安全文明生产的有关规定	10	违反安全文明生产有关规定不得分		
指导教师评价					总得分	

思考与练习

一、填空题（将正确答案填在横线上）

1. 变压器由_____和_____组成，线圈有两个或两个以上的绕组，其中接电源的绕组称为_____，其余的绕组称为_____。它可以变换交流电压、交流电流和阻抗。

2. 一般三相接触器一共有_____个触头，_____路输入，_____路输出，还有_____个控制触头。

二、选择题（将正确答案的序号填在括号里）

1. 中间继电器的电气代号是（　　）。
   A. KM　　　　B. KT　　　　C. KA　　　　D. FR

2. 关于开关电源的工作方式，下列说法正确的有（　　）。
   A. 频率、脉冲宽度固定模式　　　B. 频率固定、脉冲宽度可变模式
   C. 频率、脉冲宽度可变模式　　　D. 以上都不是

3. 电源滤波器是（　　　）。

    A. 由电容、电感和电阻组成的滤波电路　　B. 是对电进行过滤的器件

    C. 巴特沃斯响应，主要是相位非线性　　D. 自感电动势

4. 行程开关在机床的主要作用是（　　　）。

    A. 快速定位　　　　　　　　　　　　B. 改变方向

    C. 轴向切换　　　　　　　　　　　　D. 参考点和超限位保护

三、判断题（将判断结果填入括号中，正确的填"√"，错误的填"×"）

1. 数控考核软件安装时必须放在 D 盘中。　　　　　　　　　　　　（　　　）
2. 电控柜上的黄灯表示机床有故障，需检修。　　　　　　　　　　（　　　）
3. 按钮是一种人工控制的主令电器。　　　　　　　　　　　　　　（　　　）
4. 阻容吸收器是一个频敏元件，不同于压敏元件（如避雷器）。　　（　　　）

四、简答题

1. 用于 VM320 型数控铣床的低压电器有哪些？
2. 无线考核如何操作？

任务二　　VM320 型主轴线路装调与典型故障诊断

学习目标

1. 了解调试 808D 的主轴参数。
2. 掌握变频主轴参数设置方法。
3. 掌握主轴常见故障的判断与修复。

任务导入

小型数控铣床的主轴控制基本上采用变频控制方式。

VM320 型数控铣床的主轴线路的接线原理、调试方法、操作方法和常见故障诊断与 CK260 型数控车床一样，学会了车床电气线路的装调和维修，也就学会了铣床主轴电气的装调和维修。

相关知识

一、主轴控制方式及主轴控制原理

1. 硬件原理

从控制原理图和接线图中不难看出，VM320 型数控铣床的硬件控制思路基本上与车床一样，不同点在于软件和参数的设置。通过 808D 梯形图编写控制铣床主轴的程序和 808D 数控系统参数的设置，再加上主轴变频器参数的设置，从而达到控制数控铣床主轴运转的目的。这时可以再回顾一下"SIEMENS808D 数控系统控制车床"中所说的"主轴线路装调与典型故障诊断"，只有这样才能达到温故而知新的效果。

2. 主轴变频器参数设置

变频器参数设置见表4—2—1。

表4—2—1　　　　　　　　　　　变频器参数设置

序号	参数代号	设定值	参数说明
1	P0700	2	命令信号源
2	P1000	2	设定值信号源
3	P0335	0	电动机的冷却方式
4	P0640	150%	电动机的电流限值
5	P1080	0 Hz	最小频率
6	P1082	50 Hz	最大频率
7	P11201	2 s	斜坡上升时间
8	P1121	2 s	斜坡下降时间
9	P1300	0	控制方式
10	P0304	380 V	电动机的额定电压
11	P0305	1.37 A	电动机的额定电流
12	P0307	0.37 kW	电动机的额定功率
13	P0310	50 Hz	电动机的额定频率
14	P0311	1 400 r/min	电动机的额定转速

3. 808D 数控系统主轴参数设置

主轴参数设置见表4—2—2。

表4—2—2　　　　　　　　　　数控系统主轴参数设置

序号	参数代号	设定值	参数说明
1	30130	0	模拟主轴
2	32000	2 000 r/min	最大轴速度
3	32010	500 r/min	点动快速度
4	32020	100 r/min	点动速度
5	32060	100 r/min	定位轴速度
6	32100	1	轴运动方向
7	32110	1	位置反馈极性
8	32260	1 440 r/min	电动机额定转速
9	35100	2 000 r/min	最大主轴转速

4. 主轴程序的编写

（1）确定主轴I/O地址分配表（参见原理图部分）。

（2）梯形图编写。在一台已装载808D编程软件的计算机上调出西门子公司提供的铣床程序样例，根据本机床控制的要求及外围输入/输出信号条件，加以完善就可以了。调用子程序如图4—2—1所示。

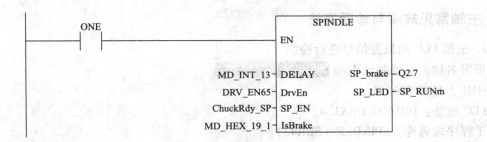

图 4—2—1 调用子程序

（3）零件加工图的编写。最多可以为一个主轴配置 5 个齿轮级来调节转速/扭矩。通过程序中的 M 指令来选择齿轮级。M40 自动选择齿轮级，M41 到 M45 分别为齿轮级 1 到 5 级。

如果机床具备受控主轴，就可以在地址 S 下编程主轴的转速，单位为 r/min。通过 M 指令可以设置主轴旋转方向以及运行开始或结束。

M3 表示主轴顺时针旋转。

M4 表示主轴逆时针旋转。

M5 表示主轴停止。

（4）主轴的运行方式。主轴具有以下运行方式：

1）控制运行。

2）摆动运行。

3）定位运行。

4）进给轴运行。

5）补偿夹具攻螺纹（刚性攻螺纹）。

主轴运行方式如图 4—2—2 所示。

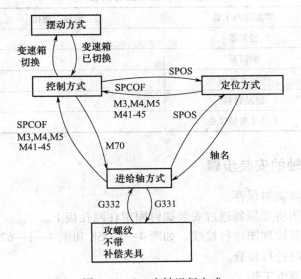

图 4—2—2 主轴运行方式

二、主轴常见故障与诊断方法

1. 根据 PLC 的报警信号进行检修

报警名称：主轴制动中 ➡ | 700012 | 主轴制动进行中 |

HMI 上显示 700012。

PLC 地址：DB1600. DBX1. 4。

子程序段名称：SPINDLE（SBR42）。

报警解说：非故障，此报警作为提示信息，提示主轴正在进行刹车，等待主轴刹车结束，该报警会消失。

处理方法：等待主轴刹车结束，该报警会消失。

2. 根据主轴运行状态进行检修

故障原因：PLC 运行正常，变频器也在工作，主轴就是不转或运转声音不正常。

故障检查：

（1）检查电源，用万用表测量主轴变频器输出的电压是否正常。正常时三相电源是平稳的，如果出现有一相无电压，就表示主轴缺相运转。

（2）检查变频器参数。

（3）检查 808D 系统的主轴参数。

（4）查看主轴联轴器是否紧固好。

任务实施

一、任务准备

实施本任务所需要的实训设备及工具材料见表4—2—3。

表 4—2—3　　　　　　　　　　**实训设备及工具材料表**

序号	零部件与工具	型号、规格	备注
1	变频器		
2	断路器		
3	中间继电器		
4	辅助材料		
5	工具及测量仪表		

二、变频器控制主轴的安装步骤

1. 变频器拆箱，将资料保存。

2. 根据盘面布置图将变频器通过安装螺钉固定在网孔板上。

3. 打出线号，对照原理图进行接线，如图 4—1—58 和图 4—1—62 所示。

4. 用万用表对线路进行检查。

5. 给变频器进行通电工作。

6. 设置变频器参数。

7. 修改 PLC 主轴程序。

8. 清理卫生，并做好数据记录，交接工作。

9. 结束任务。

任务测评

完成操作任务后，学生先按照表 4—2—4 进行自我测评，再由指导教师评价审核。

表 4—2—4 评分标准

序号	项目	考核内容及要求	配分	评分标准	扣分	得分
1	材料准备	主轴电气元件准备	10	元器件准备每漏一项扣 2 分		
2	安装步骤	掌握变频器、断路器安装方法	10	是否掌握变频器、断路器的安装步骤，每错一步扣 5 分		
3	布线	掌握接线工艺及要求	20	接线是否按照交流与直流分开布线的原则，不是扣 10 分 所有接线是否正确，不正确扣 10 分		
4	通电工作	掌握正确的通电顺序	15	是否先进行检查工作，不是扣 10 分 送电顺序是否正确，不正确扣 5 分		
5	参数方法	掌握变频器参数的设置方法	15	是否学会主轴的调试方法，每错一处扣 3 分		
6	PLC 编程	掌握 PLC 控制主轴的程序编写	20	主轴程序的编写是否正确，不正确扣 20 分		
7	安全文明生产	应符合机床安全文明生产的有关规定	10	违反安全文明生产有关规定不得分		
指导教师评价					总得分	

思考与练习

一、填空题（将正确答案填在横线上）

1. 主轴变频器参数 P0700 表示＿＿＿＿，P1000 表示＿＿＿＿。

2. HMI 上显示 700012 表示＿＿＿＿。

3. 控制主轴的中间继电器线圈应接在 PPU 的＿＿＿＿接口上。

4. 在加工程序编写中，主轴顺时针旋转用＿＿＿＿表示，逆时针旋转用＿＿＿＿表示，主轴停止用＿＿＿＿表示。

5. 通过程序中的 M 指令来选择齿轮级。＿＿＿＿自动选择齿轮级。

二、选择题（将正确答案的序号填在括号里）

1. 主轴的运行方式说得全面的有（　　）。

A. 控制、定位、进给、无补偿运行

B. 刚性攻螺纹、摆动、定位、进给轴运行

C. A 和 B 都对

D. A 和 B 都错

2. 已知主轴额定转速为 1 440 r/min，在数控系统中主轴的最大转速为（   ）。

    A. 1 440 r/min

    B. 额定转速的 1.2 倍

    C. 额定转速的 1.5 倍

    D. 用户自定

3. 已知主轴电动机是 0.55 kW，额定转速为 1 500 r/min，额定频率为 50 Hz，额定电压为 380 V，更有效的变频器选择是（   ）。

    A. 三相 AC380 V 供电 0.55 kW

    B. 单相 AC220 V 供电 0.75 kW

    C. 三相 AC380 V 供电 0.37 kW

    D. 三相 AC380 V 供电 1.5 kW

三、判断题（将判断结果填入括号中，正确的填"√"，错误的填"×"）

1. 主轴变频器的选择应比主轴电动机小一挡。　　　　　　　　　　　（　　）
2. 主轴变频器的参数在数控系统中已设置完成，可以不用再设置了。　（　　）
3. 主轴变频器应安装在配电柜的最下端。　　　　　　　　　　　　　（　　）
4. 主轴变频器不能实现无级调速。　　　　　　　　　　　　　　　　（　　）
5. 数控系统与变频器是通过 RS-232 进行连接的。　　　　　　　　（　　）

四、简答题

1. 简述变频器的安装步骤。
2. 在 808D 数控系统中如何编写主轴变频器的 PLC 程序？

任务三　VM320 型进给轴线路装调与故障诊断

学习目标

1. 能够根据电气线路原理图进行正确接线。
2. 能够对进给轴进行线路调试。
3. 掌握进给轴的常见故障与诊断。

任务导入

进给轴是由三个轴组成的，分别是 X 轴、Y 轴、Z 轴。X 轴和 Y 轴可以看成一组十字机构，它的工作原理可以看作是机床的两个轴根据加工程序，实现不同的运动轨迹。Z 轴则带动主轴作垂直方向运动，在加工过程中主要是抬刀和落刀，以及刀的进给量的核算工作。三个轴的电气接线非常简单，对于机床本体来说，只有三组伺服电动机、三组行程开关电气接线；对于实训柜体来说，也无非是断路器＋伺服驱动器＋PPU 面板，接线的工作量很少，大部分都是通过电缆连接。所以本任务主要是训练学生的电气线路连接、铣床调试能力和故障诊断能力。

相关知识

一、进给轴电气控制概述

X/Y/Z 轴的电气由断路器、变压器、开关电源、行程开关、伺服电动机、伺服驱动器、数控系统 808D 的 PPU 板等组成。下面简单地来了解一下伺服驱动器的类型及原理。

1. 伺服驱动器的分类及原理

按照数控机床有无反馈及反馈的位置不同，伺服驱动器可以分为开环伺服、闭环伺服、半闭环伺服三种。

（1）开环伺服系统。开环控制指调节系统不接受反馈的控制，只控制输出，是不计后果的控制，又称为无反馈控制系统。该系统在数控机床中由步进电动机和步进电动机驱动线路组成。数控装置根据数控系统的运算，发出指令脉冲，通过环形分配器和驱动电路，使步进电动机转过一个步距角，再经过传动机构带动工作台移动一个脉冲当量的距离。移动部件的移动速度和位移由输入脉冲的频率和脉冲个数决定。这种伺服系统比较简单，工作稳定，容易掌握使用，但精度和速度的提高受到限制，所以一般仅用于可以不考虑外界影响，或惯性小，或精度要求不高的一些经济型数控机床。开环伺服控制的工作原理如图 4—3—1 所示。

图 4—3—1 开环伺服控制的工作原理图

（2）半闭环伺服系统。半闭环控制指在驱动电动机端部或在传动丝杠端部安装角位移检测装置（光电编码器或感应同步器），通过检测电动机或丝杠的转角间接测量执行部件的实际位置或位移，然后反馈到数控系统中。该系统能获得比开环系统更高的精度，但它的位移精度比闭环系统的要低，与闭环系统相比，易于实现系统的稳定性。现在大多数数控机床都广泛采用这种半闭环进给伺服系统，但惯性较大的机床移动部件不包括在检测范围内，主要用于大多数中小型数控机床。半闭环伺服控制的工作原理如图 4—3—2 所示。

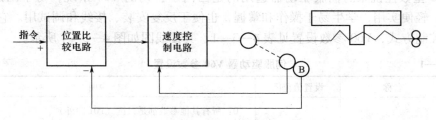

图 4—3—2 半闭环伺服控制的工作原理图

（3）闭环伺服系统。闭环控制系统是由信号正向通路和反馈通路构成闭合回路的自动控制系统，又称反馈控制系统。该系统在数控机床中由伺服电动机、比较线路、伺服放大线路、速度检测器和安装在工作台上的位置检测器组成。这种系统对工作台实际位移量进行自动检测并与指令值进行比较，用差值进行控制。这种系统的定位精度高，但系统复杂，调试和维修困难，价格较贵，主要用于高精度和大型数控机床。闭环伺服控制的工作原理如图 4—3—3 所示。

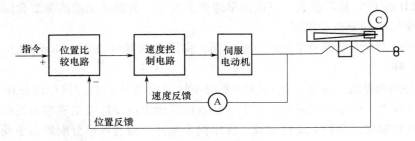

图4—3—3　闭环伺服控制的工作原理图

（4）举例说明。例如家用的全自动洗衣机（闭环的），先设定好洗衣时间，时间一到，洗衣机就开始加水，它里边有个红外传感器，可以扫描水位高低，当水位合适时，洗衣机自动停止加水，然后对衣服进行清洗，开始进行全自动循环工作，无需人员操作。

如果是开环的洗衣机，那么水位的高低得要人来看，人觉得水位合适的时候就会动手关掉水龙头。简单地说，如果反馈是人来判断，这个系统就是开环的，如果反馈是机器自己来判断，这个系统就是闭环的。

（5）开环控制系统和闭环控制系统的优缺点。主要从以下三方面比较：

1）工作原理。开环控制系统不能检测误差，也不能校正误差，控制精度和抑制干扰的性能都比较差，而且对系统参数的变动很敏感。闭环控制系统不管出于什么原因（外部扰动或系统内部变化），只要被控制量偏离规定值，就会产生相应的控制作用去消除偏差。

2）结构组成。开环系统没有检测设备，组成简单，但选用的元器件要严格保证质量要求。闭环系统具有抑制干扰的能力，对元件特性变化不敏感，并能改善系统的响应特性。

3）稳定性。开环控制系统的稳定性比较容易解决。闭环系统中反馈回路的引入增加了系统的复杂性。

2. VM320 型数控铣床的伺服驱动器

VM320 型数控铣床的伺服驱动器选用的是西门子公司的 V60 系统，易于调试和维修，接线简单，轻便实用，学生易于操作和掌握，也便于反复安装、接线和调试用。它采用是全闭环伺服控制方式，V60 参数设置见表 4—3—1，其接线图如图 4—3—4 所示。

表 4—3—1　　　　　　　　　　　　伺服驱动器 V60 参数设置

参数编号	名称	设置值范围	说明
P01	参数写保护	0～1	0：所有其他参数都是只读（P01 除外） 1：可以对所有参数进行读取和写入 每次上电后，P01 将被自动复位为 0
P05	内部使能	0～1	0：需要外部使能 JOG 模式 1：内部 JOG 模式 每次上电后，P05 将被自动复位为 0
P16	电动机最大电流限制	0～100	此参数用于将电动机的最大电流（2 倍额定电动机电流）限制至给定的比例

续表

参数编号	名称	设置值范围	说明
P20	速度环比例增益	0.01~5.00	此参数规定了控制回路的比例大小，设置值越大，增益和刚度就越高。4 N·m：0.54。6 N·m：0.79。7.7 N·m：1.00。10 N·m：1.4
P21	速度环积分作用	0.1~300	此参数规定了控制回路的积分作用时间，设置值越小，增益和刚度就越高。4 N·m：44.2。6 N·m：44.2。7.7 N·m：44.2。10 N·m：45.0
P26	最高转速限制	0~2 200	此参数规定了可能的最高电动机转速
P27	位置比例增益	0.1~3.2	1. 设置位置环调节器的比例增益 2. 设定值越大，增益越高，刚度越大，相同频率指令脉冲条件下，位置滞后量越小，但数值太大可能会引起振动和超调 3. 参数值取决于具体的驱动和负载
P31	位置前馈增益	0~100	1. 设置位置环前馈增益 2. 设定为100%时，表示在任何频率的指令脉冲下，位置滞后量总是为0 3. 位置环的前馈增益越大，控制系统的高速响应特性越高，但会使系统的位置环不稳定，容易产生振荡 4. 除非需要很高的响应特性，否则位置环的前馈增益通常为0
P34	最大允许跟随误差	20~999	此参数规定了所允许的最大跟随误差值，当实际跟随误差值大于此参数时，驱动器发出位置超差（A43）报警
P36	输入脉冲倍率	1，2，4，5，8，10，16，20，100，1 000	该参数定义输入脉冲的倍率，例如：当 P36 = 100 时，输入频率 = 1 kHz×100 = 100 kHz 注：脉冲频率设定值 = 实际脉冲频率×输入脉冲倍率
P41	抱闸打开延迟时间	20~2 000	在驱动器使能后驱动会在延迟上述时间后再打开抱闸
P42	电动机运转时抱闸关闭时间	20~2 000	当电动机转速大于 30 r/min 时，驱动器出现报警。如果此参数设置的时间内电动机转速仍大于参数 P43 设定值，那么驱动器会在出现报警后的此参数设置时间后关闭抱闸
P43	电动机运转时抱闸关闭速度	0~2 000	当电动机转速大于 30 r/min 时，驱动器出现报警。如果在参数 P42 设置的时间内电动机转速已经小于此参数设定的速度值，那么驱动器会在电动机转速等于此参数设置的速度时关闭抱闸
P44	电动机停止时抱闸关闭后的使能	20~2 000	当电动机转速小于 30 r/min 时，驱动器会在抱闸关闭后在此参数设定的时间内继续保持使能
P46	JOG 速度	0~2 000	此参数设置了 JOG 模式下的电动机转速
P47	电动机加/减速时间常数	0.0~10.0	此参数定义了电动机从 0 r/min 加速至 2 000 r/min 或从 2 000 r/min 减速至 0 r/min 的时间

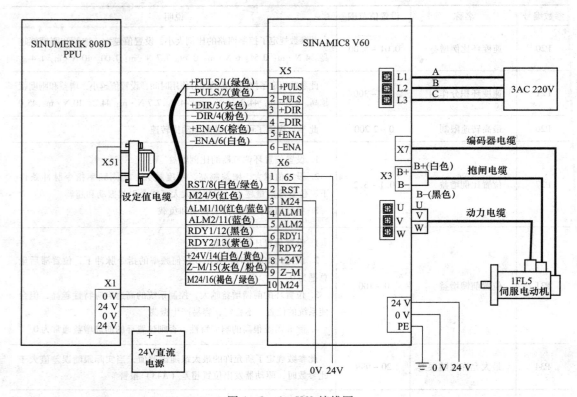

图 4—3—4　V60 接线图

3. 进给轴的低压电器

断路器在设计电气电路保护回路时是必不可少的元器件，而变压器主要是起到隔离作用和提供回路所需的电压值，通常用于控制回路，但在数控系统中更多的是用伺服驱动器的供电保证。在进给轴的控制中，主要考虑选型、功能、电压等级。这些均是基础知识，在这里就不重述了。

二、进给轴电气控制原理图

1. 主电路图（见图 4—1—54）
2. 数控系统供电回路图（见图 4—1—58）
3. PPU 面板、MCP 面板与机床本体的接线图（见图 4—1—60）
4. PLC 控制输入回路图（见图 4—1—62 和图 4—1—63）

三、VM320 进给轴的参数设置与回参考点调试

本设备中丝杠螺距为 5 mm，均采用联轴器直接连接，下面通过表格说明轴参数设置。

1. X/Y 轴的参数设置（见表 4—3—2）

表 4—3—2   *X/Y* 轴参数设置

序号	参数代号	设定值	参数说明
1	31020	10 000	ENC_RESOL
2	31030	5	丝杠螺距
3	31050	1	负载齿轮箱分母
4	31060	1	负载齿轮箱分子
5	31400	10 000	电动机每转步数（半闭环伺服）
6	32000	5 000 mm/min	最大轴速度
7	32010	5 000 mm/min	点动快速速度
8	32020	2 000 mm/min	点动速度
9	32060	10 000 mm/min	缺省定位轴速度
10	32100	1	轴运动方向
11	32110	1	位置反馈极性
12	32260	2 000 mm/min	电动机额定速度
13	32450	0.01 mm	反向间隙
14	34010	0	负向回参考点
15	34020	5 000 mm/min	回参考点速度
16	34040	300 mm/min	参考点查找速度
17	34060	20 mm	到参考点标记的最大距离
18	34070	5 000 mm/min	参考点定位速度
19	34080	−2 mm	参考点距离
20	34090	0 mm	参考点偏移/绝对偏移
21	36100	−225 mm	负向软限位
22	36110	120 mm	正向软限位

2. *Z* 轴的参数设置（见表 4—3—3）

表 4—3—3   *Z* 轴参数设置

序号	参数代号	设定值	参数说明
1	31020	10 000	ENC_RESOL
2	31030	5	丝杠螺距
3	31050	1	负载齿轮箱分母
4	31060	1	负载齿轮箱分子
5	31400	10 000	电动机每转步数（半闭环伺服）
6	32000	8 000 mm/min	最大轴速度
7	32010	8 000 mm/min	点动快速速度
8	32020	2 000 mm/min	点动速度
9	32060	10 000 mm/min	缺省定位轴速度

序号	参数代号	设定值	参数说明
10	32100	1	轴运动方向
11	32110	1	位置反馈极性
12	32260	2 000 mm/min	电动机额定速度
13	32450	0 mm	反向间隙
14	34010	0	负向回参考点
15	34020	5 000 mm/min	回参考点速度
16	34040	300 mm/min	参考点查找速度
17	34060	20 mm	到参考点标记的最大距离
18	34070	5 000 mm/min	参考点定位速度
19	34080	−2 mm	参考点距离
20	34090	0 mm	参考点偏移/绝对偏移
21	36100	−251 mm	负向软限位
22	36110	100 mm	正向软限位

3. 机床数据设定（见表 4—3—4）

表 4—3—4　　　　　　　　　　机床数据设定

序号	参数代号	设定值	参数说明
1	14510（20）	6	最大刀位数
2	14510（24）	60	润滑间隔
3	14510（25）	500	润滑时间

操作提示

表 4—3—2、表 4—3—3、表 4—3—4 中的有些参数应根据不同机床的螺距、加工精度、回参考点方向、软限位、反向间隙等数据而异，不能完全照搬。

四、进给轴程序编写与调试

1. 进给轴的 PLC 程序编写

（1）VM320 进给轴梯形图的编写

1）定义 VM320 型数控铣床 I/O 分配表，见表 4—3—5。

表 4—3—5　　　　　　　　VM320 型数控铣床 I/O 分配表

输入	注释	输出	注释
I0.0	急停信号	Q0.0	机床报警灯
I0.1	X 轴 + 向限位	Q0.1	机床运行灯
I0.2	X 轴 − 向限位	Q0.2	机床准备就绪灯
I0.3	Y 轴 + 向限位	Q0.3	
I0.4	Y 轴 − 向限位	Q0.4	冷却泵电动机

续表

输入	注释	输出	注释
I0.5	Z 轴 + 向限位	Q0.5	润滑泵电动机
I0.6	Z 轴 − 向限位	Q1.0	刀架电动机
I0.7	X 轴参考点		
I1.0	Y 轴参考点		
I1.1	Z 轴参考点		

2）使用编程软件创建一个新的 PLC 应用程序，如图 4—3—5 所示。

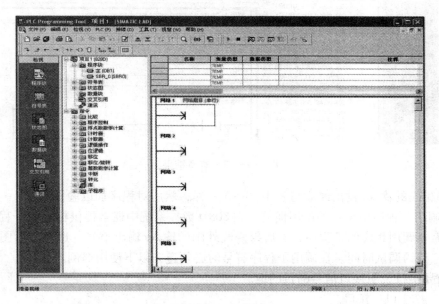

图 4—3—5　创建

3）通过菜单命令"文件 > 导入…"或从 USB 存储器导入 .pte 文件，如图 4—3—6 所示。

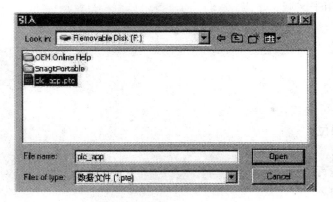

图 4—3—6　导入

4）单击"打开"按钮或双击".pte"文件。

5）导入".pte"文件将持续几秒时间。

6）成功导入 PLC 应用程序后，可查看导入结果，如图4—3—7所示。

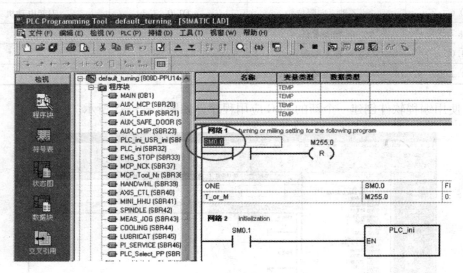

图4—3—7　查看结果

7）将相应的输入/输出改成与表4—3—5一样，然后对程序加以验证。

（2）调用子程序中符号的使用惯例。在808D数控系统中通常提供标准的子程序，设计人员根据需要调用相应的子程序，然后再修改外围的输入/输出信号，这样梯形图程序很快就能编完，节约调试时间。在调用子程序符号时必须遵守以下使用惯例。

1）前导字符说明接口信号的目的地。

–P_：去向 PLC 接口。

–H_：去向 HMI 接口。

–N_：去向 NCK 接口。

–M_：去向 MCP 接口。

2）后续字符用于区域。

–N_：NCK。

–C_：通道。

–1_：进给轴。

–M_：MCP。

符号的其他简短形式。

–HWL：硬限位。

–HW：手轮。

–RT：快速运行。

–TK：运行键。

–ACT：有效。

－SEL：选定。

3）一个符号最多由 11 个大写字符和数字（包括前导字符）组成。除下划线外，不可使用任何其他特殊符号，比如 =、+、-、[ ] 等。

（3）程序调试前的准备工作。程序修改完后，给 808D 数控系统供电，在接通控制器之前，需要熟悉 PPU 和 MCP 的操作详细信息，请参考西门子公司提供的调试手册 27~29 页。

1）PPU 接通 24V 直流电源（X1 端口），V60 驱动器接通 3 相 220 V 交流电源（L1，L2，L3）。

2）按下前面板的启动按钮，检查 PPU 正面的 LED 指示灯是否在准备状态，如图 4—3—8 所示。

3）检查 V60 驱动器正面的 LED 指示灯是否处于准备状态，V60 上的数码管正常状态显示应为 S-RUN，如图 4—3—9 所示。

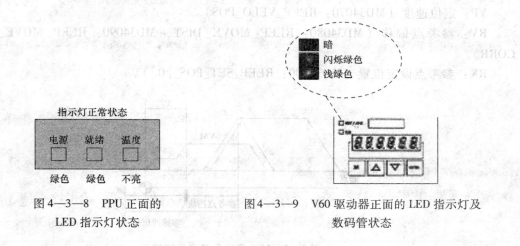

图 4—3—8　PPU 正面的　　　图 4—3—9　V60 驱动器正面的 LED 指示灯及
　　　　　LED 指示灯状态　　　　　　　　　　　数码管状态

4）调试控制器之前必须加载标准 NC 数据，设置制造商密码以及日期和时间。

（4）下载进给轴程序，然后进行各轴的动作操作，看看能否进行手动操作、手轮操作、回参考点的操作。如果不能，修改程序直到进给轴能正常工作为止。程序下载完成，各机床数据、轴数据设置完成后，下面可以进行返回参考点、软限位及补偿操作。

1）返回参考点调试

①零点远离参考点挡块时的调试。零脉冲远离参考点挡块时（MD：REEP_SEARCH_MARKER_REVERS ＝0），其搜索参考点的路线如图 4—3—10 所示。

VC：搜索参考点挡块的速度（MD34020：REEP_VELO_SEARCH_CAM）。

VM：搜索零标记的速度（MD34040：REEP_VELO_SEARCH_MARKER）。

VP：定位速度（MD34070：REEP_VELO_POS）。

RV：参考点偏移（MD34080：REEP_MOVE_DIST ＋MD34090：REEP_MOVE_DIST_CORR）。

RK：参考点设定位置（MD34100：REEP_SET_POS [0]）。

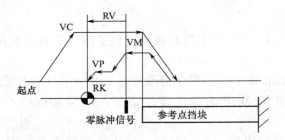

图 4—3—10　搜索参考点的路线

②零点位于参考点之上的调试。当零点信号位于参考点之上时，其寻找参数点的路线如图 4—3—11 所示。

VC：寻找参考点挡块的速度（MD34020：REEP_VELO_SEARCH_CAM）。

VM：寻找零脉冲的速度（MD34040：REEP_VELO_SEARCH_MARKER）。

VP：定位速度（MD34070：REEP_VELO_POS）。

RV：参考点偏移（MD34080：REEP_MOVE_DIST + MD34090：REEP_MOVE_DIST_CORR）。

RK：参考点设定位置（MD34100：REEP_SET_POS [0]）。

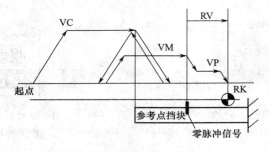

图 4—3—11　寻找参考点的路线

2）回参考点的操作

①按住 MCP 上的回参考点键进入 "回参考点" 模式。

②按住方向键回参考点，当屏幕上出现⊕符号时松开按键。

也可在触发模式下回参考点：一旦按下回参考点的方向键，将自动返回参考点。为此，必须如图 4—3—12 所示安装一个参考点挡块使轴在到达参考点之前不会在参考点挡块和硬限位开关之间停止。

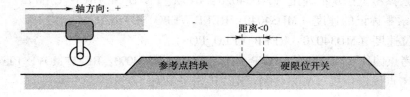

图 4—3—12　触发模式下回参考点

在对所有的进给轴都执行完回参考点操作后，可观察到如图4—3—13所示的显示，表示此时进给轴已处于回参考点状态。

3）误差补偿。机床在装配过程中会不同程度地存在反向间隙和丝杠螺距误差带来的影响，要消除此类误差通常采用反向间隙补偿和丝杠螺距误差补偿，以保证机床的精度。其补偿理论如图4—3—14所示。

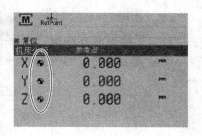

图4—3—13 显示

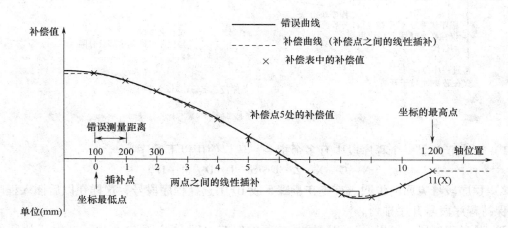

图4—3—14 补偿理论

2. 进给轴加工程序的编写

（1）编程基础知识。每个程序必须有程序名称，程序名称必须遵守以下规定：如果用户界面为英文，则程序名称仅使用英文字母或数字；如用户界面为中文，则程序名仅使用中文字母或数字；用小数点隔开子程序名的文件扩展名；程序名最多使用24个英文字符或12个中文字符。

操作提示

不建议在程序名的首个字符使用特殊字符。在新建主程序时，无须输入文件扩展名".MPF"。如需创建子程序，必须输入文件扩展名".SPF"。

（2）程序结构。NC程序由一系列的程序段组成，见表4—3—6。每个程序块代表一个加工步骤，以字的形式将指令写入程序块。最后一个程序段包含程序结束的一个特殊字，例如M2。

表4—3—6 NC 程序结构

程序段	字	字	字	…	注释
程序段	N10	G0	X20	…	第一个程序段
程序段	N20	G2	Z37	…	第二个程序段
程序段	N30	G91		…	…
程序段	N40	…	…	…	…
程序段	N50	M2			程序结束

（3）程序段结构。程序段应包含执行加工步骤需要的所有数据。通常，一个块由多个字组成，始终带有程序段结束字符"L_F"（换行）。写入时，按下换行键或 < INPUT > 键，将自动生成该字符，如图4—3—15所示。

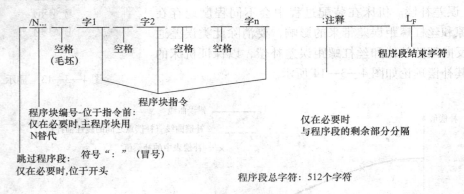

图4—3—15　程序段结构示意图

1）字序。如果一个程序段中有多个指令，建议使用以下顺序：

$$N\cdots G\cdots X\cdots Z\cdots F\cdots S\cdots T\cdots D\cdots M\cdots H\cdots$$

2）程序段号方面的说明。首先在步骤5或10中选择程序段号，这样在以后插入程序时仍能保持程序段号升序排列。

3）跳过程序段。可以通过程序段号前面的斜杠"/"标记每个程序运行时不执行的程序段。

通过操作（程序控制："SKP"）或提供给可编程控制器（信号）激活程序段跳过。如果连续多个程序段前都以"/"标注，则它们都将被跳过。

如果在程序执行过程中必须跳过程序段，不执行标记"/"的所有程序段，不考虑相关程序段中包含的所有程序，程序从下一个程序段（不带标记）开始继续执行。

4）注释，备注。可以使用注释（备注）解释程序段中的指令。注释以符号";"开始，以程序段末尾结束。在当前程序段显示中，注释与剩余程序段的内容一起显示。

5）消息。在单独程序段中编程消息。在特殊字段中显示消息，并且保持活动状态，直到执行带有新消息的程序或直到达到程序结束为止，在消息文本中最多可以显示65个字符。不带消息文本的消息取消上一条消息。例如 MSG "这是消息文本"。

程序举例

N10	; G&S 公司，订货号 12A71
N20	; 图样编号 123 677
N30	; 程序创建人：D. Dat　S 4　部门
N40 MSG（"DRAWING NO：123677"）	
：S0 G54 F4. 7 S220 D2 M3	; 主程序段
N60 G0 G90 X100 Z200	
N70 G1 Z185. 6	
N80 X112	

/N90 X118 Z120   ；此程序段可跳过

N100 X118 Z120

N110 G0 G90 X200

N120   M2   ；程序结束

（4）G 代码。常用的 G 代码指令见表 4—3—7。

表 4—3—7   常用的 G 代码指令

序号	G 代码	说明
1	G00	快速移动
2	G01	直线运动
3	G02	顺时针圆弧/螺线
4	G03	逆时针圆弧/螺线
5	G17	XY 平面
6	G18	ZX 平面
7	G19	YZ 平面
8	G90	绝对编程
9	G91	增量编程
10	G93	反比时间进给率（r/min）
11	G94	进给率（mm/min，in/min）
12	G95	旋转轴进给率（mm/r，in/r）
13	G96	启用恒定切削速度
14	G97	取消恒定切削速度
15	G54	选择零点偏移 1
16	G55	选择零点偏移 2
17	G04	暂停［S］或主轴旋转
18	G05	高速循环切削
19	G09	准停
20	G11	结束参数输入
21	G27	参考点位置检查
22	G28	返回参考点
23	G30	2./3./4. 返回参考点
24	G31	"删除剩余行程"的测量
25	G52	可编程的零件偏移
26	G53	返回机床坐标系中的位置
27	G290	选择西门子模式
28	G291	选择 ISO 编程指令模式

操作提示

G 功能都由数控系统在接通数控系统或复位时来确定，实际设置的信息参见机床厂的资料。

（5）驱动指令。轨迹轴进给率 F，进给速度由地址 F 指定，取决于机床数据的默认设置，G 指令确定的尺寸单位（G93，G94，G95）为 mm 或 in。允许每个 NC 程序段编程一个 F 值，通过其中一个 G 指令确定进给速度的单位。进给率 F 只对于轨迹轴有效，并且直到编程新的进给值之前一直有效。地址 F 后允许出现分隔符。

编程示例： G01 X40. Y40.Z40.F100；如图 4—3—16 所示。

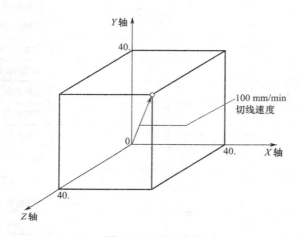

图 4—3—16 示例

操作提示

如果在 G01 程序段中或之前的程序段中没有写入任何进给率，在执行 G01 程序段时会触发报警。

（6）创建程序。创建一个新的零件程序可按照下列步骤进行操作。

第 1 步 新程序通过"程序管理"来创建。可以通过使用 PPU 上的按键选择"程序管理"，如图 4—3—17 所示。

第 2 步 选择"NC"作为程序的存储位置。只能够在"NC"中创建程序，如图 4—3—18 所示。

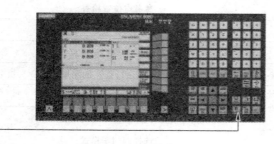

图 4—3—17 创建

图 4—3—18 选择存储位置

第 3 步 可使用 PPU 上屏幕右侧的软键"新建"来创建一个新程序,如图 4—3—19 所示。

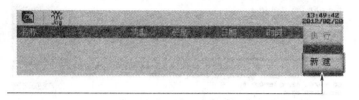

图 4—3—19 新建

第 4 步 可以选择"新建"或"新建目录",选择"新建"建立的是一个程序,选择 "新建目录"建立的是一个文件夹,如图 4—3—20 所示。

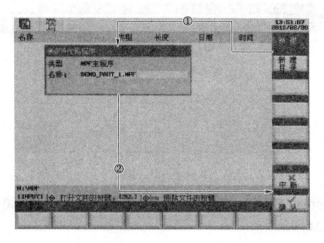

图 4—3—20 新建目录

第 5 步 打开程序文件后,可以对程序文本进行编辑,如图 4—3—21 所示。

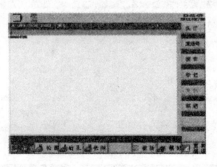

图 4—3—21 编辑

(7)程序模拟。在自动模式下执行一个零件程序之前,先对它进行模拟运行。

第 1 步 零件程序必须使用 PPU 上的"程序管理"打开,如图 4—3—22 所示。

第 2 步 按 PPU 上的"模拟"软键 模拟 ,如图 4—3—23 所示。

图4—3—22 打开

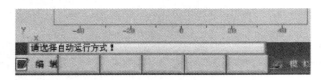

图4—3—23 按键

如果没在正确的模式下操作，屏幕下方就会出现提示信息。按 MCP 上的"自动"模式键，如图4—3—24所示。

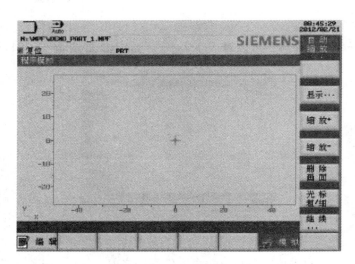

图4—3—24 自动模式

第3步 按 MCP 上的"循环启动"键，如图4—3—25所示，按 PPU 上的"编辑"

软键 模拟 返回程序。

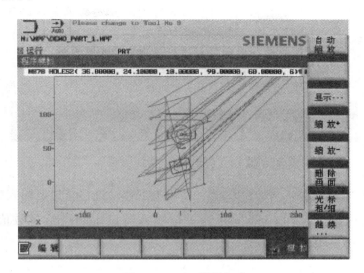

图4—3—25 循环启动

3. 进给轴加工程序的调试

（1）当加工程序编写完成后，必须进行程序测试。

操作提示

在"自动"模式下装载并执行零件程序之前，必须使用"程序模拟"功能对程序进行检测。

打开程序界面，按 PPU 上的"执行"软键 执行 ，如图4—3—26 和图4—3—27 所示。

图4—3—26 执行1

图4—3—27 执行2

控制系统现在处于"自动"模式下，屏幕上部显示当前打开的程序的存储路径，同时 MCP 上的自动键指示灯点亮，如图4—3—28 所示。

（2）空运行。

图4—3—28 自动键

操作提示

（1）执行"空运行"前，应根据工件实际尺寸对所设定的偏置值进行适当改动，保证空运行过程中不会切削到实际工件，造成不必要的危险。

（2）必须对"空运行进给量"中的数据进行设定和检查。

第1步　按PPU上的"偏置"键，如图4—3—29所示。

图4—3—29　按"偏置"键

按PPU上的"设定数据"软键，使用上下移动键移至想要输入数据的位置，此时该装置颜色变深，以mm/min为单位输入需设定的进给量数值，本例中输入"2 000"，如图4—3—30所示。

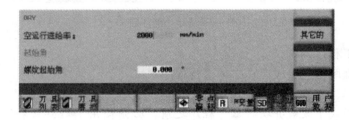

图4—3—30　输入数值

依次按PPU上的"输入"软键、"加工操作"键、"程序控制"软键、"空运行进给量"软键，如图4—3—31所示。

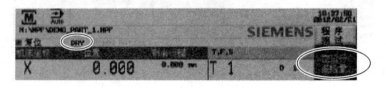

图4—3—31　按"空运行进给量"键

屏幕上会显示"DRY"标记，同时"空运行进给量"软键会变蓝。按PPU上的"返回"软键。

第2步　按MCP上的"安全门"键，关闭机床上的安全门（如果未使用该功能，请手动关闭安全门）。按MCP上的"循环启动"键，执行程序缓慢地将进给率旋钮调整至需要的数值。

结束"空运行"后注意将修改的偏置值改回原值，以免影响实际加工。

五、刀具配置

在进行正常的零部件加工之前需要对刀，也就是创建和测量刀具。对刀流程如图4—3—32 所示。

1. 创建刀具

在程序执行之前必须先创建刀具，并对刀具进行测量操作。

第1步 确认此系统已处于"手动"模式下，按 PPU 上的"偏置"键 和"刀具列表"软键 ，如图4—3—33 所示。

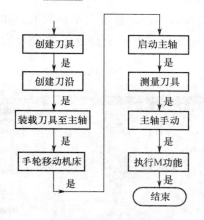

图4—3—32 对刀流程图

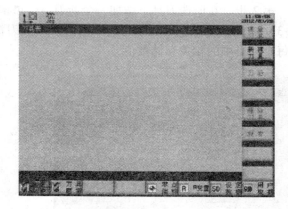

图4—3—33 按"刀具列表"软键

第2步 按 PPU 上的"新建刀具"软键 ，选择需要的刀具类型，在"刀具号"中输入数值"1"，如图4—3—34 所示。

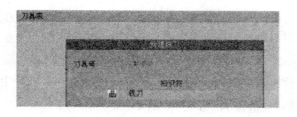

图4—3—34 新建

按 PPU 上的"确认"软键，输入铣刀"半径" ，如图4—3—35 所示。

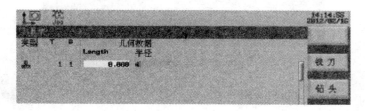

图4—3—35 输入数值

按 PPU 上的"输入"键⟳。本系统可创建的刀具号范围为 1 ~ 32 000，机床上最多可装配 64 个刀具/刀沿。

2. 创建刀沿

创建刀沿之前必须先建立并选择刀具。

第 1 步　使用"D"代码表征刀沿，初始状态下系统默认激活 1 号刀沿，按 PPU 上的"偏置"键🔼和"刀具列表"软键🔲，使用方向键选中需要增加刀沿的刀具▽或△，如图 4—3—36 所示。

按 PPU 上的"刀沿"软键 刀沿 和"新刀沿"软键 新刀沿 。

第 2 步　在所选刀具下增加一个新刀沿，可根据需要填入不同的长度及半径数值。如图 4—3—37 所示的红色框显示当前激活的刀具及刀沿，紫色框显示刀具下建立了几个刀沿以及每个刀沿中的相关存储数值。

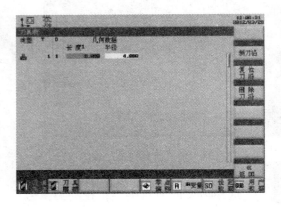

图 4—3—36　选择

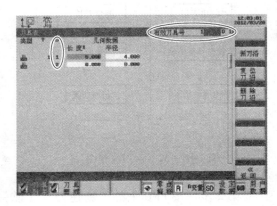

图 4—3—37　激活

每把刀具最多可建立 9 个刀沿。可根据需要在不同的刀沿中存入不同的刀具长度及半径数据。请根据需要选择正确的刀沿进行加工操作。

3. 装载刀具至主轴

按 PPU 上的"加工操作"键 M，按 MCP 上的"手动"键，按 PPU 上的"T.S.M"软键 T.S.M，将"T"中的刀具号数值设为"1"，如图 4—3—38 所示。

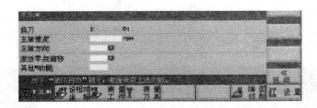

图 4—3—38　填写数值

按 MCP 上的"循环启动"键 ⏻，如图 4—3—39 所示。

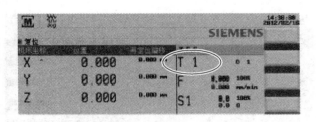

图 4—3—39　启动循环

按 PPU 上的"返回"软键 ![返回]。

操作提示

（1）刀具被手动装载至主轴之前，必须要先被创建在系统中。

（2）刀具通常被手动装载至主轴上，如果机床有自动换刀的刀库，也可自动将刀具装载至主轴。

4. 手轮移动机床

确保移动刀具时没有障碍物，以防撞刀。

手轮可以替代"手动"键执行控制进给轴移动的功能。按 PPU 上的"加工操作"键 ![M]，按 MCP 上的"手轮"键 ![手轮]，按 MCP 上的轴移动键选择需要控制的进给轴，如图 4—3—40 所示。

在"机床坐标"或"工件坐标"下，当所选中的轴标识左下端显示手轮标志时，表示该轴已被手轮操作选中，可通过手轮进行控制，如图 4—3—41 所示。

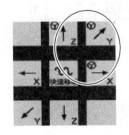

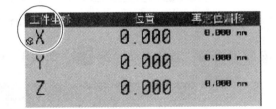

图 4—3—40　按"手轮"键　　　　　　图 4—3—41　已选的形态 1

按"增量键"选择所需要的倍率 ![增量键]，![1] 表示增量倍率为"0.001 mm"，![10] 表示增量倍率为"0.010 mm"，![100] 表示增量倍率为"0.100 mm"，这样，所选轴可以通过手轮进行移动操作了。按 MCP 上的"手动"键 ![手动] 关闭"手轮"操作功能。

操作提示

修改机床参数 MD14512［16］=80 时，手轮的选择需要通过使用 PPU 上的手轮选择软键完成，MCP 上的手轮选择功能失效。

在 PPU 右侧选择需要移动的轴，被选中的轴会出现"√"，表示该轴当前被选中。如图 4—3—42 所示。

5. 启动主轴

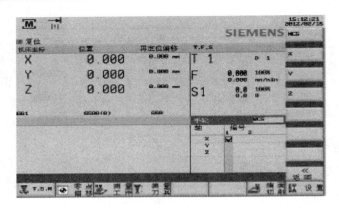

图 4—3—42　已选的形态 2

对刀前可以按照如下步骤启动主轴，按 PPU 上的"加工操作"键 ，按 MCP 上的"手动"键 ，按 PPU 上的". T. S. M"软键 ，在"主轴速度"中输入数值"500"，使用 PPU 上的"选择"键 选"M3" ，如图 4—3—43 所示。

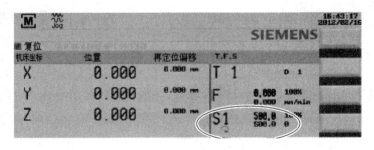

图 4—3—43　选择

按 MCP 上的"循环启动"键 ，如图 4—3—44 所示。

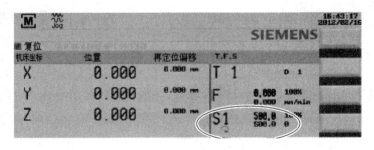

图 4—3—44　启动循环

按 MCP 上的"复位"键 停止主轴旋转，按 PPU 上的"返回"软键 。

6. 测量刀具
第 1 步　测量长度

按 PPU 上的"加工操作"键，按 MCP 上的"手动"键，按 PPU 上的"测量刀具"软键，按 PPU 上的"手动测量"软键，使用 MCP 上的轴移动键将进给轴移动至工件上方的指定位置，如图 4—3—45 所示。

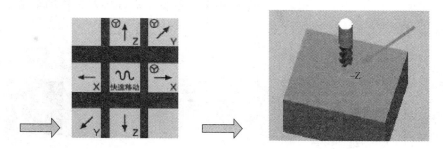

图 4—3—45　按"手动测量"软键

操作提示

对于工件坐标系统中所需设定的"$X/Y/Z$"点，描述分别为"$X_0/Y_0/Z_0$"。

使用 MCP 上的"手轮"键，选择合适的增量倍率将刀具移至工件的 Z_0 或 a 处，如图 4—3—46 所示。

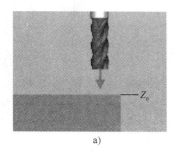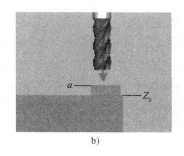

a)　　　　　　　　　　　　　b)

图 4—3—46　使用"手轮"键移动

使用 PPU 上的"选择"键将参考点设置为"工件"（实际测量中可根据测量需要将参考点设置为"工件"或"固定点"）。在"Z_0"中输入数值"0"（如果使用了垫块，这里输入的就是垫块的厚度值 a），如图 4—3—47 所示。

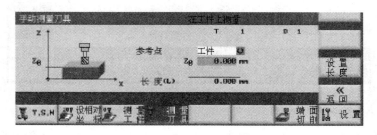

图 4—3—47　输入数值

按 PPU 上的"设置长度"软键 ![设置长度]，此时屏幕中会在"长度（L）"中显示测得的刀具长度，此数值同时存入刀具列表中对应刀具号的长度一栏中。

第 2 步　测量直径

按 PPU 上的"直径"软键 ![直径]，使用 MCP 上的轴移动键将刀具移动至指定位置，如图 4—3—48 所示。

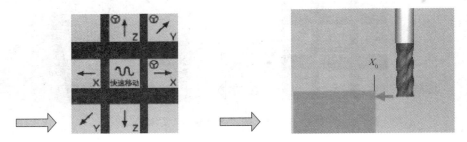

图 4—3—48　按"直径"键

使用 MCP 上的"手轮"键，选择合适的增量倍率将刀具移至工件的 X_0 或 a 处，如图 4—3—49 所示。

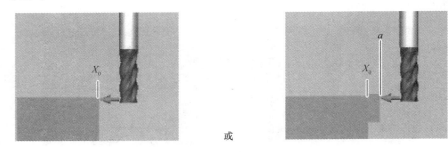

或

图 4—3—49　使用"手轮"键

在"X_0"中输入数值"0"，在"Y_0"中输入数值"0"，如图 4—3—50 所示（如果使用了垫块，这里输入的就是垫块的宽度值，X_0/Y_0 根据需要选择一个使用即可）。

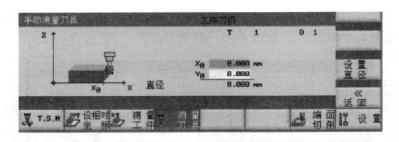

图 4—3—50　输入数值

按 PPU 上的"设置直径"软键 ![设置直径]，按 PPU 上的"返回"软键 ![返回]。

7. 主轴手动

按 PPU 上的"加工操作"键 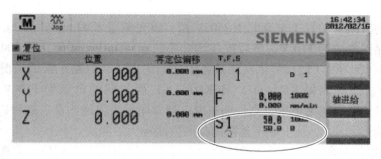，按 MCP 上的"手动"键 ，按 MCP 上的主轴方向键 启动/停止主轴，按 MCP 上的"逆时针转"键 可使主轴逆时针转动，按 MCP 上的"主轴停"键 可使主轴停止，按 MCP 上的"顺时针转"键 可使主轴顺时针转动，如图 4—3—51 所示。

图 4—3—51　手动操作

8. 执行 M 功能

按 PPU 上的"加工操作"键 ，按 PPU 上的". T. S. M"软键 ，使用方向键将高亮光标移动至"其他 M 功能"位置，输入数值"8"，这样就可以启动冷却液功能，如图 4—3—52 所示。

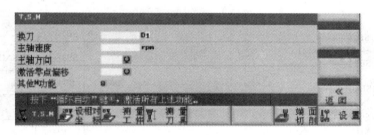

图 4—3—52　M 功能

按 MCP 上的"循环启动"键 ，可观察到 MCP 上的冷却液按键功能生效 ➡ ，按 MCP 上的"复位"键 停止冷却液功能，按 PPU 上的"返回"软键 。

六、进给轴常见故障与诊断

1. 掌握机床电气检修方法

（1）直观检查法。直观检查法又称为直观法，是一种不用仪器仪表，仅依靠检修者的感觉来发现故障的方法。检修者通过感官可对故障范围内的电气元件及连接导线进行检查。

用这种方法可将明显的故障直接发现并加以排除。

（2）电压测量法。电压测量法就是使用万用表检测线路的工作电压，将测量结果和正常值进行比较，从而发现故障的方法。电压测量法不需拆卸元件及导线，是一种快速、高效的检修方法，因此得到普遍应用。

电压测量法又分为电压分阶测量法和电压分段测量法。

1）电压分阶测量法。如图 4—3—53 所示，以按下 SB2，KM1 不能吸合为例，查找控制电路的故障点。

将万用表的转换开关置于交流电压 250 V 挡，首先测量 KM1（0）和 FU4（1）两点间的电压，若电路正常应为 110 V，然后按住 SB2 不放，同时将黑表笔接到 KM1（0）上，红表笔按 2、3、4、5、6、7 的标号依次测量各阶之间的电压，电路正常的情况下，各阶的电压值均为 110 V。假如测得 KM1（0）和 KH1（6）两点间的电压为 110 V，而测得 KM1（0）和 KH1（7）两点间无电压，则说明热继电器常闭触头接触不良。这种以 KM1（0）为基准点（又称为参考点），从上往下逐阶测量的方法称为顺测法。

2）电压分段测量法。将万用表的转换开关置于交流电压 250 V 挡。检查时，先用万用表测 1 和 0 两点间的电压，电压值为 110 V，说明电压正常。如图 4—3—54 所示，按住 SB2，然后逐段测量各组相邻两点（1 和 2，2 和 3，3 和 4，4 和 5，5 和 6，6 和 7，7 和 0）之间的电压。若电路正常，除 7 和 0 两点间的电压为 110 V 外，其余相邻两点间的电压值均为 0。根据测量结果可找出故障点。

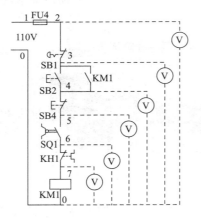
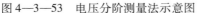

图 4—3—53　电压分阶测量法示意图

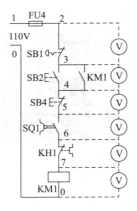

图 4—3—54　电压分段测量法示意图

（3）电阻测量法。电阻测量法是在电路切断电源后，用万用表测量电阻值，通过对电阻值的对比，进行电路故障检测的一种方法。它通常用于当电路带电时会发生跳火、冒烟，使故障进一步扩大，或使人身安全受到威胁的情况。对于电路中不能流过正常电流的断路故障，可以利用电阻法对线路中的断线、触头虚接、导线虚焊等故障进行检查，找到故障点。

用电阻测量法检查故障时一定要先断开电源。如被测的电路与其他电路并联时，必须将该电路与其他电路断开，否则测得的电阻值是不准确的。测量不同电阻值的电气元件时，万用表的选择开关应旋至合适的电阻挡。

电阻测量法又分为电阻分阶测量法和电阻分段测量法。

1）电阻分阶测量法。如图 4—3—55 所示，仍以按下 SB2，KM1 不能吸合为例，查找控制电路的故障点。检查时，应先断开电源，万用表选择好合适的挡位（R×100）并调零，然后按下 SB2 不放，分阶测量各组两点（0 和 1、0 和 2、0 和 3、0 和 4、0 和 5、0 和 6、0 和 7）之间的电阻值。若电路正常，测量值应为 KM1 线圈的电阻值。如测量到的电阻值为无穷大，则说明表笔刚测过的触头接触不良、线圈或导线断路。根据测量结果可找出故障点。

2）电阻分段测量法。检查时，应先断开电源，万用表选择好合适的挡位（R×100）并调零。然后按下 SB2 不放，逐段测量各组相邻两点（1 和 2，2 和 3，3 和 4，4 和 5，5 和 6，6 和 7）之间的电阻值，如图 4—3—56 所示。若电路正常，则上述各两点间的电阻值为 0，7 和 0 之间为 KM1 线圈的电阻值。如测量到的电阻值为无穷大，则说明表笔刚测过的触头接触不良、线圈或导线断路。根据测量结果可找出故障点。

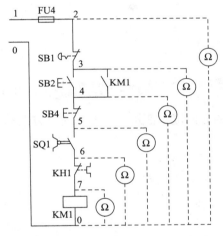

图 4—3—55　电阻分阶测量法示意图

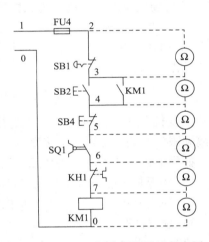

图 4—3—56　电压分段测量法示意图

（4）短接法。短接法是用一根绝缘良好的导线，把所怀疑的断路部位短接，如短接过程中电路被接通，就说明被短接处断路。短接法检修如图 4—3—57 所示，仍以按下 SB2，KM1 不能吸合为例，查找控制电路的故障点。

检修时，先用万用表交流电压 250 V 挡测 0 和 2 两点间的电压值。若电压正常，可按下 SB2 不放，用一根绝缘良好的导线分别短接各组相邻两点（2 和 3、3 和 4、4 和 5、5 和 6、6 和 7），当短接到某两点时，接触器 KM1 得电吸合，就说明断路故障点在这两点之间。

短路法一般用于控制电路，不能在主电路中使用，且绝对不能短接负载，比如接触器 KM1 线圈的两端，否则将发生短路故障。

机床电气故障是多种多样的，即使是同一种故障现象，

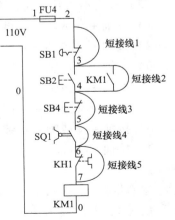

图 4—3—57　短接法示意图

发生的故障部位也是不同的。因此，采用以上故障检修步骤和方法时，不能生搬硬套，而应按不同的故障情况灵活应用，力求快速、准确地找出故障点，查明故障原因，及时正确地排除故障。

操作提示

（1）对控制电路的故障检测应尽量采用电压法，当检测到故障后应断开电源再排除。

（2）主回路故障时，接触器主触头以下部分最好采用电阻检测方法。

2. 机床常见故障案例的诊断及维修方法

（1）进给轴的运动方向不变。故障现象描述："手动"模式下按轴＋（或轴－）键，机床只能朝一个方向运动，不能换向。

诊断步骤：检查驱动器是否受损，如果使用第三方驱动器，要核实系统与驱动器的兼容性。

（2）硬限位故障。故障现象描述：

1）PPU 上出现硬限位报警。

2）机床实际超过硬限位，但是仍可移动，没有报警。

诊断步骤：

情况1：若故障为 PPU 上出现硬限位报警 `021614 1:72 通道 1 轴 Z/2 到达硬件限位开关 - 81:68` **SIEMENS**，按住 PPU 上的"复位"键，同时按 PPU 上的控制进给轴移动的方向键，使机床进给轴向反方向移动，脱离硬限位开关，即可解除报警。

如果上述方法不能解决故障，则需要检查机床上的硬限位：

1）碰板是否能与限位开关良好地接触，其接触信号是否为有效。

2）使用万用表测量硬限位连接线是否完好。

3）硬限位开关是否损坏。

情况2：若故障为机床实际超过硬限位，但是仍可移动，没有报警。

1）检查硬限位连接线是否与高电平线路短接。

2）检查硬限位开关是否损坏。

（3）开机不回参考点。故障现象描述：

1）按轴＋（或轴－）键，屏幕坐标不变化，机床也不动。

2）按轴＋（或轴－）键，屏幕坐标有变化，但机床不动。

3）按轴＋（或轴－）键，机床移动直至出现硬限位报警。

4）按轴＋（或轴－）键，机床总是向相反方向移动。

5）按轴＋（或轴－）键，机床移动很短距离。

6）按轴＋（或轴－）键，机床由减速开关退出后出现 20002 报警。

7）按轴＋（或轴－）键，点动及自动加工程序运行均正常，但返回参考点时系统不停止。

诊断步骤：

情况1：若故障为按轴＋（或轴－）键，屏幕坐标不变化，机床也不动，检查 PPU 屏幕中是否存在报警号，使用"复位"键清除报警后再操作。如果出现报警号为

004060/004062/004065 的报警，就说明此时机床数据丢失，需将备份数据重新导入系统中，断电重启，查看故障是否排除。

情况 2：若故障为按轴 + （或轴 - ）键，屏幕坐标有变化，但机床不动，则检查 PPU 上是否处于程序测试状态，如图 4—3—58 所示。

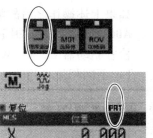

图 4—3—58　检查

1）MCP 上的"程序测试"按键指示灯是否点亮（答：不可点亮）。

2）PPU 屏幕上的"PRT"指示符是否激活（答：不可激活）。

3）检查机床参数 MD30130/MD30240/MD30350 设置是否正确：

进给轴 MD30130 = 2，MD30240 = 3，MD30350 = 0。

情况 3：若故障为按轴 + （或轴 - ）键，机床移动直至出现硬限位报警，检查机床的减速开关及其相关连接线是否出现故障。

情况 4：若故障为按轴 + （或轴 - ）键，机床总是向相反方向移动。

1）检查机床的减速开关是否无法弹起。

2）检查与机床减速开关的相关连接线是否出现故障。

情况 5：若故障为按轴 + （或轴 - ）键，机床移动很短距离，检查机床数据 MD34000 设置是否合理（34000 = 0 时减速开关无效）。

情况 6：若故障为按轴 + （或轴 - ）键，机床由减速开关退出后出现 20002 报警。

1）检查机床的接近开关及其相关连接线路是否出现报警。

2）检查机床数据 MD34060 设置是否合理。

3）检查进给轴对应的编码器及相关连接线是否有故障。

情况 7：若故障为按轴 + （或轴 - ）键，点动及自动加工程序运行均正常，但返回参考点时系统不停止，检查机床数据 MD30200 设置是否合理（30200 = 0 时无法回参考点）。

（4）V60 驱动器故障。故障现象描述：系统中出现驱动器相关报警 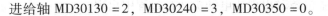，查看 V60 驱动器也出现报警，常见报警号为 A05/A06/A07/A08/A09。

诊断步骤：

A05 报警　IGBT 过电流——接通主电源时出现或电动机运行过程中出现。

检查驱动器 U、V、W、PE 之间的连接线：

1）不同相位之间的连接线是否短接。

2）线路接地是否错误或接地不良。

3）连接线本身是否损坏。

检查后重新上电观察故障是否还存在。

如果上述操作后故障仍在，则需要检查电动机的绝缘是否损坏，必要时可更换电动机，重新上电后观察故障是否存在。

如果上述操作之后故障仍然存在，则很可能是驱动器损坏，需要进行更换或维修。

A06 报警　内部芯片过电流——→接通主电源时出现或电动机运行过程中出现。

检查驱动器 U、V、W、PE 之间的连接线：

1）不同相位之间的连线是否短接。

2）线路接地是否错误或接地不良。

3）检查 U、V、W 是否缺相。

4）连接线本身是否损坏。

检查后重新上电观察故障是否还存在。

如果上述操作后故障仍在，则需要检查电动机的绝缘是否损坏，必要时可更换电动机，重新上电后观察故障是否存在。

如果上述操作之后故障仍然存在，则很可能是驱动器损坏，需要进行更换或维修。

A07 报警　接地短路——→接通主电源时出现或电动机运行过程中出现。

检查驱动器 U、V、W、PE 之间的连接线，不同相位之间的连线是否短接，检查后重新上电，观察故障是否还存在。如果上述操作之后故障仍然存在，则很可能是驱动器内部 IGBT 模块损坏，需要进行更换或维修。

A08 报警　编码器 U/V/W 错误。

检查驱动器与电动机之间的信号电缆（从驱动器到电动机的编码器）：

1）是否存在电缆内部线路接触不良。

2）是否存在电缆屏蔽不良。

3）屏蔽地线是否接好。

检查后重新上电观察故障是否还存在。

如果上述操作之后故障仍然存在，则很可能是电动机内部的编码器损坏，需要进行更换或维修。

A09 报警　编码器 TTL 脉冲错误。

检查驱动器与电动机之间的信号电缆（从驱动器到电动机的编码器）：

1）编码器电缆连接是否正确。

2）是否存在电缆内部线路接触不良。

3）是否存在电缆屏蔽不良。

4）屏蔽地线是否接好。

检查后重新上电观察故障是否还存在。

如果上述操作后故障仍在，则需要检查编码器的接口电路是否出现故障。如果上述操作之后故障仍然存在，则很可能是电动机内部的编码器损坏，需要更换或维修。

（5）HMI 屏幕报警 700060。

报警名称：通道未复位，不能改变 PRT 状态。

PLC 信息：PLC 地址 DB1600. DBX7.4。

子程序段名称：MCP_NCK（SBR37）。

报警解说：程序运行过程中，不可使用"程序测试"键改变此状态，必须先把系统置于"复位"状态，如图 4—3—59 所示。

处理方法：按"报警清除"键可取消该报警，程序会继续执行，也可按"复位"键取消该报警。

（6）HMI 屏幕报警 700016。

报警名称：驱动器未就绪 700016 驱动器未就绪。

PLC 信息：PLC 地址 DB1600. DBX2.0。

子程序段名称：EMG_STOP（SBR33）。

报警解说：运行准备过程中驱动器没有准备就绪。该报警必然伴随"急停报警"。

图 4—3—59　复位

处理方法：检测是否由于系统存在急停报警而导致报警发生。检查驱动器：

1）X6 端子是否插紧/接线是否松动或断开/65 使能与 M24 引脚是否故障。

2）驱动器是否存在报警/未启动。

3）驱动器是否损坏。

任务实施

学生进入实训车间时，先进行分组工作，以小组为单位共同完成各项任务。

一、任务准备

实施本任务所需要的实训设备清单见表 4—3—8。

表 4—3—8　　　　　　　　　实训设备清单

序号	设备与工具	型号与说明	数量
1	断路器		5 个
2	变压器		2 个
3	数控系统	808D PPU 面板	1 套
4	伺服驱动器	V60	3 个
5	电气原理图		1 份
6	工具		1 套
7	安装用资料		1 套

二、伺服驱动器的解读

1. 根据提供的原理图，进行线路的连接。

学生根据提供的盘面图，将所需的电气元件安装在网孔板上。

（1）工艺要求

1）所有器件必须布置在网孔板有效区域内。

2）线槽以下的尺寸要合理，必须满足布置要求，做到节约，避免浪费。

3）导轨必须采用标准的铁质导轨，让所有的器件能有效接地。

4）根据布置器件的要求：发热元器件应放在整个盘面的最上端，然后是电源回路的器件安装，接着是控制回路的器件安装，最后是出线端子的安装；最重的元器件尽量放在安装板的最下部，以免出现器件损坏或人身安全事故的发生。

5）安装的螺钉最好是铜螺钉，每个器件必须安装牢固，不能有松动、倾斜、倒装的现象发生。

6）器件安装完毕，应保持盘面整洁。

（2）网孔板线路的连接。根据提供的电气原理图，完成器件线路的连接。

工艺要求：

1）强电和弱电必须分开布置，尽量减少交叉区域。

2）接线时，应逐页布线，每走完一页应作一个标志，避免漏接、错接现象的发生。

3）电缆线的制作方法：根据图样要求焊接线缆，焊接处要作防锈处理，接口处要加热缩管，不能出现虚焊、漏焊的现象。

4）一根导线的两端必须加有相同的线号，两端应压有叉形或针形冷压端头，要压接牢固，不能有虚压、漏压现象发生。

5）每一个接线端子处最多压两根导线。

6）导线颜色：根据国标要求，动力线用黑色导线，交流控制回路用红色导线，零线用白色导线，直流 24 V 正端用棕色导线，负端用深蓝色导线，直流控制回路用蓝色线或黑色线。导线规格根据流过的电流定制。

7）布线要整齐，有规律、美观大方。

（3）电缆的连接。参见如图 4—1—98 所示的 808D 数控系统电缆连接图，进行各轴线缆的连接。必须做到准确无误。

2. 设备通电检验

电柜内和机床本体的线路全部完成后，用万用表进行线路检测，杜绝短路或开路的现象发生，也不允许"张冠李戴"的现象发生，必须按原理图进行正确的布线，一旦发现有问题，立即解决。当设备正确无误后，通电检验。

3. 各轴参数的调试

在指导教师的指导下，对照 VM320 型数控铣床的工作原理，了解伺服电动机及 V60 驱动器的工作原理及参数调整方法，掌握与 808D 数控系统联机调试的方法，并正确填写表4—3—9 和表 4—3—10。

表 4—3—9　　　　　　　　V60 伺服驱动器的参数设定

参数代号	设定值	功能说明

表 4—3—10   **808D 数控机床参数设定**

参数代号	设定值	功能说明

操作提示

根据西门子公司提供的调试指南，完成机床相关参数的设定。本任务没有作介绍。

4. 进行上机实操，完成六种操作模式（手轮、手动、回参考点、自动、单段、MDA）。

5. 进行对刀操作。

操作提示

本教材所涉及的工作任务，在实施过程中都应遵守以下安全文明生产规定。

1. 根据电气原理图进行接线。

2. 遵守电气操作安全规程，严格按照规程操作，以防触电。

3. 根据数控说明书进行正常操作。

4. 实训场所严禁嬉戏。

5. 任务严格按照 7S 标准执行。

任务测评

完成操作任务后，学生先按照表 4—3—11 进行自我测评，再由指导教师评价审核。

表 4—3—11   **评分标准**

序号	项目	考核内容及要求	配分	评分标准	扣分	得分
1	任务准备	检查工具、资料是否准备齐全	10	（1）工具不齐全，每少一件扣0.5分 （2）资料不齐全，扣3分		
2	PPU 面板	PPU 面板的线路连接及参数调试	50	（1）不能正确进行线路连接扣10分 （2）不能正确设定机床参数扣10分 （3）不能正确设定 X 轴参数扣10分 （4）不能正确设定 Y 轴参数扣10分 （5）不能正确设定 Z 轴参数扣10分		
3	伺服驱动器	伺服驱动器的安装、接线及调试	30	（1）不能正确安装伺服驱动器扣5分 （2）不能正确完成伺服驱动器电路接线扣15分 （3）不能正确调试伺服驱动器的参数扣10分		
4	安全文明生产	应符合国家安全文明生产的有关规定	10	违反安全文明生产有关规定不得分		
指导教师评价					总得分	

思考与练习

一、填空题（将正确答案填在横线上）

1. 按照数控机床有无反馈及反馈的位置不同，伺服驱动器可以分为_____、_____、_____三种。

2. 开环控制系统和闭环控制系统的优缺点主要从三方面比较：_____、_____、_____。

3. 现有一机床 X 轴的丝杠每丝之间的距离为 10 mm，在 808D 数控系统中轴参数 31030 应设置为_____。

4. 在对刀过程中，通常采用_____，但要配合_____。

5. 按住方向键回参考点，当屏幕上出现_____符号时松开按键。

6. 调用子程序符号时必须遵守使用惯例，包括_____、_____、_____三种。

二、选择题（将正确答案的序号填在括号里）

1. 程序模拟通常分（　　）步来完成。
   A. 5　　　　　　　B. 2　　　　　　　C. 3　　　　　　　D. 4

2. 在刀具配置中，刀具最多可以建立（　　）个刀沿。
   A. 9　　　　　　　B. 64　　　　　　　C. 32　　　　　　　D. 32 000

3. 机床电气检查方法有（　　）。
   A. 直观检查法　　B. 电压测量法　　C. 电阻测量法　　D. 短接法

4. 定位误差大应调整的参数为（　　）。
   A. MD31030/MD31050/MD31060/ MD31020
   B. MD34040/MD31050/MD31060/MD36100
   C. MD31030/MD31050/MD31060/MD32100
   D. MD32000/MD32010/MD32450/MD31400

5. 编码器 TTL 脉冲错误，可能的原因有（　　）。
   A. 编码器电缆连接不正确　　　　　B. 编码器电源大于 24 V
   C. 参数设置偏高　　　　　　　　　D. U/V/W/PE 之间未连接

三、判断题（将判断结果填入括号中，正确的填"√"，错误的填"×"）

1. 简单地说，当反馈是人来判断时，这个系统就是开环的，如果反馈是机器自己来判断的，这个系统就是闭环的。（　　）

2. 半闭环控制是由信号正向通路和反馈通路构成闭合回路的自动控制系统，又称为反馈控制系统。（　　）

3. 回参考点必须要设定为快速模式。（　　）

4. 在编写零件加工程序时，G 代码可任意调用。（　　）

5. 进给率 F 只对于轨迹轴有效，并且直到编程新的进给值之前一直有效。（　　）

四、实操题

1. 简述并完成对刀操作。

2. 用户端提供铣刀 T1 为 D50 和 T2 为 D8，请根据图 4—3—60 编写铣削程序。

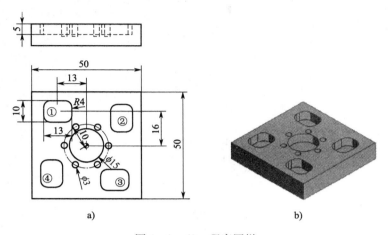

图 4—3—60　程序图样

a）尺寸图　b）效果图